イラスト　原田良信

目　次

はしがき

私は一九八九年四月以来、東京化学同人発行の月刊誌『現代化学』に「やじうまかがく」というコラムを連載しています。最初は別のタイトルがついていたのですが、二年ほどたってから「やじうまかがく」と改名しました。

私は大学一、二年生を対象に、熱力学、化学結合、溶液、酸と塩基、化学史などの講義をしています。以前に有機化学の講義をしたこともあります。また、定性、定量、合成などの化学実験を何人かの先生と共同で担当しております。

だから、化学に関しては浅く広く、まさに何でも屋です。

こんなことから、講義中に口が滑って、他の分野の話題にそれていったり、化学とは全く関係のないことを口走ったりするようになってしまいました。

『現代化学』連載の「やじうまかがく」はこういう脱線化学講義の寄せ集めです。

当初は、そんなにたくさんネタが出続けるはずはないと思っていたので、とりあえず一年の約束で連載を始めました。ところがそのうちに、幸いにも次々と新しいネタが生まれ、そのまま続きに続いて、気がついたら十年も経過していたのです。

ひとまずの区切りとしてはちょうどよい頃と思いましたので、これまでのおよそ百編から五十六編を選び出して、各編を内容によって分類して章立てて、まとめてみました。これが本書です。

一つの章の中の各編は原則として『現代化学』の発行順としましたが、内容の類似したものや関係深いものがある場合はそれらを並べるようにしたので、中には年代順になっていない章もあります。各編の末尾には『現代化学』への掲載年月を示しました。

内容によっては二回分を一回分の長さにまとめたり、前後関係から一部書き直した部分もあります。また、タイトルを変更したものもあります。それ以外は発行当時のままとしました。そして、その後状況が変化した部分には傍注をつけました。

本書には、これが化学とどういう関係があるのかというような話題もありますが、おおむね化学の話題です。しかし難しい話はありません。楽しく読んでいただき、なるほどとうなずき、そして笑って下さい。

さあ、それでは『化学よもやま話』の世界へどうぞ！

著　者

第1章　学生、この不可解な生きもの

かつては自分も学生であったはず。
それを忘れて学生を肴《さかな》にしてはいけませんよ。
学生もいっています。
「それにしても不可解な生きものだ。
大学の教師というのは」

実験棚の焦げ痕

学生実験室の実験台の上に木製の薬品棚がある。学生はガスバーナーを棚に近づけすぎて、これを焦がす。焦げ痕《あと》の中ではゆっくりと酸化が進んで、忘れたころに発火することがある。だから焦げ痕を見つけたら、われわれはただちに削って黒い部分を取除く。学生にはもちろん厳重に注意する。しかし、焦がすミスは一向に減らない。そこで、ガスバーナーの炎が当たる可能性のある棚板の端にコの字型のステンレスをはめた。しかし、完全に金属をはめると、掃除がしにくくなるから、どうしても木の部分を残さなければならない。そこでわれわれは、露出した木の部分に用心を促す標語を張り付けることにして、どんなものがいいかと考えたが、なかなか名案が浮かばない。それなら実験を受ける学生（約四百五十人）に考えさせてはどうか、ということになった。このようなことを書かせれば、学生に注意を促す効果も十分期待でき、一石二鳥だ。優秀作品にはもちろん賞品を出す。賞品といってもろくなものがない。香典返しのテレホンカード、ハンカチ、だれかがみやげに買ってきたようかん、主不明の忘れ物（シャープペンシル、筆記用具入れ）などなど。ウイスキーの一本ぐらい出してもいいだろう、という意見が出たが、学生のほとんどは未成年ということで、これは通らず。いや、これは建て前。本音を吐けば、そんな金はないということか。

さて、結果を開いたら出るわ出るわ傑作がいっぱい。入選したものも含めて、おもな作品を紹介しよう。（　）内は私のコメントである。
「ちょっと待て、棚が焦げるぞその炎」（「ちょっと待て、マッチ一本火事の元」を思い出す。入選だ）
「傘忘れても元栓忘れるな」（これは冬の天候の悪い北陸のことわざ「弁当忘れても傘忘れるな」をもじったもの。棚を焦がすこととはいくぶん異なるが、うまいことをいう。これも入選）
次に駄洒落の四作品。
「かわいそう棚《だな》、焦がして落とす単位かな」、「実験に使うこの棚大事棚《だな》」、「焼い棚《たな》ー、板《いた》ーい」（これは洒落すぎる。駄目）。駄洒落で入選したのは「棚を燃やして困っ棚ー」である。
「棚板焼いたら先生泣くぞ」（そのとおり。これは入選だ）
「火事は厳禁、修理は現金」（わかりやすい。これも入選）
こうなると教官も負けていない。教官の中で入選したのは「実験で、胸を焦がしても棚は焦がすな」である。しかし教官だから賞品はなし。するとこれをもじったような感じの変なのが登場。考えることは皆同じか。「実験で、髪の毛焦がしても棚焦がすな」（髪の毛は焦がしてほしくない。たとえ痛くな

いからといっても。もちろんこれは選外）
「燃せるものなら燃してみろ！」「焦がせるものならやってみろ」（棚が居直ったか？　しかし、標語としては不適当）
「棚板焼けて香ばしい」「焼鳥はうまいが焼棚はまずい」（何を考えておる。棚板を食うつもりか。食われてはたまらないので、これはボツ）
「棚板と同時にお前も焼いちゃうぞ」（おやおや、今度は人間が焼かれる番か。むごたらしいから、これもボツ）
「気はつけても火はつけるな」、「気をつけて火をつけろ」（駄洒落の一種。正反対だ。後者はガスバーナーに火をつける意味と解釈したが、紛らわしいので双方とも枕を並べて選外へ）
選にはもれたが、うまい作品も登場。「まもろう、みんなの実験台」「棚は日本国のものである」（そのとおり、よくわかっているではないか）
「男はつらいよ、棚はあついよ」（流行を地でいく。残念ながらボツ）
「鉄がつけられ肩が凝るby棚」（ステンレスを付けたことに対する風刺だ）
これだけ出てくると、かえってさっぱりした「棚板燃やすな、火の用心」がいきいきとしてくる。これは入選した。
結局、最優秀に輝いたのは「残ります。焦げた棚と罪悪感」、そして賞品はシャープペンシル（もちろん新品）となった。

（一九九八年五月）

PHって何？

われわれの一般教育課程の学生実験では、オーソドックスな金属イオンの定性分析のほかに、測定、合成を課している。測定、合成は八種目で、各種目十六人ずつ一週間交代で実験台を移動して行う。後半になると学生同士の情報交換が進み、すでに行った実験についてはこれから行う者に連絡がいく。だから、実験の終了時間が次第に早くなる。われわれ教官にとっては好都合である。

ある日、過マンガン酸イオンの滴定により過酸化水素の分解速度を求める実験で、非常に早く結果を出した学生がいた。他の十五人はやっと滴定を始めたところなのに、ずいぶん要領よくやったものと感心した。確かに手早くやればできないことはない。

さて、その滴定の実験でおかしなことが起こった。あちこちの学生が、ビュレットの容量五〇ミリリットルを全部使っても終点に達しないと騒ぎ始めた。これはおかしいと思って過マンガン酸カリウムの濃度を測ったら、所定の濃度の十分の一になっている。滴定用の標準溶液をつくるときに勘違いしたらしい。そして実験はもう始まっている。今さら標準溶液をつくり直すわけにもいかない。そのまま実験を続けさせた。終点までに七〇～八〇ミリリットルを要した。

ところで、先ほどの手回しのよい学生は？　レポートを見ると滴定値は一〇ミリリットル以下である。問いつめたところ、先週の学生が行った結果を丸写しにしていることがわかった。もちろん

思いっきりとっちめたうえ、実験をやり直させた。いや、実験をしていないのだからやり直しにはならないか。濃度の間違いが、とんだけがの功名になったものである。

測定実験の中にはグラフ用紙に結果をプロットさせる種目がある。pHの実験もその一つだ。さて、グラフを見るとほとんどの学生がPHと表記している。PHは野球のピンチヒッターの意味だ。化学実験にピンチヒッターは関係ない。話はそれるが、つい最近、pHに関係した短文を新聞に投稿した。印刷された結果を見たら、PHとなっていた。これはいかん。われわれはpHが当然と思っているが、化学者以外はみんなPHか、あるいはどちらでもよいと思っているようだ。意外なところで、みんな知っているだろうという化学者の思い込みを発見した。

それはともかくとして、PHと書いたらレポートの評価を大幅に減点するといったら、かなり直ってきたが、それでも大文字を使う馬鹿がいる。評価を零点にしてみようか。

このグラフは所定のレポート用紙に糊《のり》で張り付けて提出させる。そのために、半透明の容器を指で押さえると糊が出てくるものを用意してある。その糊の使い方がまたものすごい。まるでペンキを塗るようにべたべたにつける。レポート用紙はびしょぬれだ。

学生が、糊がないと言って来た。行ってみると底にまだ十分残っている。あるじゃないかといったら、けげんな顔。

「容器を逆さまにしてみろ」

すると学生、指で挟んで容器を回転させて上にしたり下にしたりしている。あらあら。

「下に向けてしばらくそのままにしておくのだ」

そのとおりにする。ぽとんと糊が紙の上に落ちる。すると学生、「あれ困ったなあ。どうすればいいんですか」

指で延ばすということをしない。ずぼらなだけでなく、本当に知らないようだ。あきれてしまった。「お前、小学校で糊の使い方ぐらい習っただろう」と思わず強い口調になる。学生は困ったというようにへらへら笑っているだけ。

そういえば、他の学生も、糊をレポート用紙につけても、それを指で延ばすということをしていない。だから糊の部分が分厚くふくれあがり、糊の容器の出口の形がそのままレポート用紙に残っている。当然乾けばごてごてになる。今後は糊の使い方も実験の説明の中に加えることにしよう。それにしても、大学で糊の正しい使い方など講義しなければならないのかしら。……情けない。と思ったら、現在は瞬間接着剤など直接皮膚につけてはいけない接着剤が主流である。私の頭が古いのだろうか。

（一九九八年九月）

遅刻のいいわけ

講義室に入る。百人以上の学生のおしゃべりの猛烈な騒音が私に襲いかかってくる。今どきの学生、教官が教壇に立っても私語をやめない。まず私のしなければならないことは、この騒音を封じることである。そこで私は、おもむろにわざと小さな声でしゃべり始める。一〜二分経過すると静かになってくる。それでも騒々しさが収まらない場合は、大きな声で突然「試験！」と叫ぶ。あっという間に静かになる。全員が私を注目する。そして、「いま話していたことは重要だからよく覚えておくこと。必ず試験に出す」と、とどめの一発を見舞う。室内はシーンとする。それからおもむろに講義の本題に入っていく。私もそんなにわからず屋ではない。静かになるまでの間、どうでもいいことを話したり、歌の文句を言ったりしているのであるが、とどめの一発を見舞われた連中は一瞬キョトンとして不安な表情になるからおもしろい。不安であれば、いま私が話したことが何であるか聞けばよいのに、聞く学生はいない。私の作戦を見抜いているのか、それとも何か言えば怒られると思っているのか。

本格的な講義が始まった後から、遅れた学生がぞろぞろ入って来る。特に朝八時五十分から始まる最初の講義には遅刻者が非常に多い。仕方がないので、私は十分以上遅れて講義室に入る。それでも遅れてくる学生が絶えない。彼らは前の席が空いているにもかかわらず超満員の後ろの席に割込む。後ろがガタガタして不愉快だ。そこで一人二人を適当に見繕って、エジキにする。

「おいお前、なぜ遅れてきた？」

「寝坊しました」

「馬鹿もの！　遅刻は講義の雰囲気を壊し、みんなに迷惑が掛かる。チェックしておくから番号と名前を言え」

不承不承小さな声で言う者、黙秘権を使う者、いろいろな反応がある。私のイビリはさらに続く。

「八時五十分という時間は決して早い時間ではない。これに間に合わないというのなら、大学をやめろ」

これだけ嫌がらせを受けたら普通は懲りると思うのだが、テキもさるもの、一向に遅刻がなくならない。遅刻をするのは大抵常習者で、何を言われても、へとも思わないようだ。その一方、こうした脅しに対して耐性のできていない（要するに真面目でおとなしい）学生は異常に反応してしまう

から、世の中ままならない。遅刻したのは病院へ行っていたからと、ブルブル震えながら医師の診断書を持参する学生がいる。こういうのはめったに遅刻や欠席をしない。そこで私は「そこまでやる必要はないよ」と言いかけてハッとする。（いけない。ここで甘い言葉をささやくと他の学生に影響する）と考える。私は了解の返事をして、その診断書を学生係に提出するように勧める。

なかには、バスが事故を起こしたから、と弁解する者もいる。事故があったかどうかは後で調べればわかるとして、これが本当なら仕方がない。しかし、毎週同じバスが同じ時間帯に事故を起こすことは考えられないから、常習者はこんな手を使わないだろう。ただし、この弁解には気をつけなければならない。バスの事故があったとしても、学生はそのバスに乗っていたとは言っていない。事故を見物して遅れた、ということも考慮に入れておく必要がある。

遅刻の多いのは教養部だけとは限らない。私は理学部でも講義をしているが、やはり遅刻が多い。しかし、教養部と違って学生数が少ないので、私は講義の後に小テストをして出席をとる代わりとする。答案を提出する学生の顔を見て遅刻者の名前の見当をつける。さらに小テストの問題には、必ずその日の講義の最初に話したことを出すので、遅刻が確実に把握できる。そして常習者を不可にする。文句を言って来ないところをみると、本人も承知しているようだ。森村誠一氏の推理小説『人間の証明』がヒットしたころ、解答欄に「遅刻の証明」と書いた学生がいた。

（一九九五年五月）

教壇から見た学生気質

化学講義室は階段教室で、後ろへいくほど高くなっている。前の方に座っている学生はよく聴き、ノートをとっている。私語もない。しかし、後ろからはときどき私語が聞こえる。そこで私は、その学生に「いまだれと何を話していたか、大声で発表しろ」と言ってやる。あるいは、いま私が説明したことを復唱させることもある。学生は黙込む。この一発で四〜五週間は効き目がある。それなら講義を一生懸命に聴いているのかというと、そうではないのがやはりいる。居眠りをする者もいれば、次の時間の外国語の予習をしている者もいる。化学では必要ないはずの厚い辞書が見えるので、すぐわかる。

「お前、次の時間は何語だ？　外国語は重要だから講義を聴きながらのナガラ予習ではものにならんぞ。昨夜は何してたんだ？」

慌てて辞書をしまう。それにしても、教師に見られていることがわからんのかなと思い、試しに講義室の空いている時間に後ろの席に座ってみた。遠いかなたに教卓が見下ろせる。教卓から後ろを見上げるよりもはるかに距離感がある。一人だけで座っていても心が安らぐ。この席で何をしようと教師に見とがめられることはない。ましてや周囲に気心の知れた友人が大勢座っていたら、大いなる安心感をもつ。学生がこんな錯覚に陥るのもうなずける。講義室の構造が悪いのだ。

居眠りは時間帯を問わずある。わが教養部では一日一～五限。そのうち五限目はゼミナールだから実質四限である。一限目は寝不足で眠い。二限目は腹が減ってきて落ち着かない。三限目は昼食後でやはり眠い。そして四限目は一日の疲れが出て、これも眠い。これでは終日駄目ではないか。

私は声には自信をもっているが、いくらドラ声をはりあげても、眠る奴は眠る。そこで眠気覚ましに、激しく板書をする。教科書に書いてあるとおりのことでもいい。教科書にあるからといって、板書せずに口だけ動かしていてはだめだ。黒板の記述をそのとおりにノートに書くという学生気質は、古今東西変わらない（もちろん大学生だから、例外はたくさんいるはずである）。

私の学生時代に、居並ぶ学生から見て黒板の右に寄り、左肩を黒板につけて、右手で板書しながら「これがこうなって、ああなって……」と、やたらに代名詞を使って講義する先生がいた。中央から左に座っている者には、先生の背中が見えるだけで、何がどうなっているのかさっぱりわからない。移動したときには、その記述はもう消されている。これには閉口して、抗議に行ったものだ。すると二～三回はもつが、また元に戻ってしまう。こういうのは最もお粗末な講義である。だから私はこうならないように注意している。すなわち、板書が終わったら、すぐにそれが全学生に見えるように黒板から離れる。説明が必要な場合は、学生の方を向いたまま手を黒板に伸ばして行う。そして、学生全員がノートをとっているのを見ながらぼんやりする。ときには「まだ書いているのか、早くせい」などとアジることもある。全員が顔を上げたら、おもむろに次の話に入る。講義中のほんのいっときの休息、たまらなく気持ちがいい。学生も慌てることなくノートをとるから、両方が楽である。これを時間のロスなどと思っていては駄目だ。

最近、欠席する学生が多くなってきた。不思議に思っていたら、他の教科もそうらしい。留年制度が廃止されて、卒業までに一般教育科目の単位を取得すればよくなったことがその理由である。しかし大丈夫かな。学部へ進学すると一般教育科目を受講している暇などなくなってしまうぞ。

（一九九五年六月）

化学実験室

教養部の化学実験は、限られた時間内に化学の知識が十分とはいえない多数の学生に同時にやらせるものである。だから、事故の起こりにくい簡単なものに限定される。幸いにして今までに傷害事故はないが、ひやっとさせられることはよくある。たとえば、ごみ箱へマッチを捨てて、それが三時間ほど後になって、だれもいない実験室でブスブスと燃え始めたことがある。しかも、マッチは必ず水で消してから捨てろと注意したその日にそのテイタラク。次の時間にその学生をヒドイメに遭わせたことはもちろんである。現在では百円ライターを使っているのでそういうことはなくなった、と思ったら、ライターを使わずに手持ちのマッチを使い、「灰皿どこにありますか」という輩《やから》が出現。

ガスバーナーをつけっ放しにして実験台の上にかがみこみ、髪の毛を焦がす女子学生。奈良の大仏のような頭をかかえて泣きこんでくる。本当のやけどをしなくてよかったと私たちもホッとして、なだめて帰す。

洗瓶に、面倒とばかり水道の水を入れるけしからぬ奴。逆に、洗瓶の口から蒸留水を飲む奴。浸透圧の関係を用いて蒸留水が有害であることを教えなければいかんかな。

アスピレーターと手回しの遠心分離器は、暇な学生の格好のおもちゃだ。楽しそうに遊んでいる。

ネコが目につくもの何にでもジャレツクのと同じか。コンクリートの床に酸をこぼして、次第に金沢大学が溶けていくのを静かに見守っている者。説明用のマイクにチョッカイを出すイタズラ坊主。何度言ってもガスバーナーの元栓を締め忘れるうっかり者。床を走って（危ないから走るなと言っているのに）ツルリと滑って転ぶミニスカートの女子学生などは愛嬌《きょう》があって、たまにはいいが、その学生が薬品やガラス器具を持っておれば危険なことこのうえない。

実験の初めの時間は大事な注意をするから遅刻するな、と言っても遅刻する。遅刻一回につき、優、良、可の評価を一ランクずつ下げると言ったら、遅刻がほとんど皆無になる。実験の後始末の悪い者に対しては後始末も実験のうちだからとして減点、ガスの元栓の締め忘れには大幅減点、という苦い薬をつける。単位とか減点とかいえば実によく言うことをきく。単位や点は学生の天敵であり、特効薬でもある。

実験結果が周辺の仲間と異なると、ひどく気にする。皆と一緒でなければ人類の平等に反するのか、承知できないのだ。一部の学生が白衣を着ると皆着るようになる。真白のクラスとそうでないクラスが出てくる。

金属イオンの定性系統分析では実にさまざまな結果が出る。おもしろいから試料に蒸留水を与えてみようかというイタズラ教師。学生といい勝負だ。

それでも、水銀、鉛などの公害物質の処理を学生はきちんと行っている。下水の定期測定で検出されていないのだから間違いない。やはりこういうものに対する問題意識はあるようだ。

彼らが特に興味をもつのがガラス細工のようだ。毛管と風船の作り方など、ごく簡単な説明しかしないが、彼らは夕方まで一五センチメートルほどのガラス管一本で、ずっと遊んでいる。

夕方になると、学生は潮が引くようにさあーっと帰る。よくもあれだけ足並みがそろうものと感心する。騒然としていた広い実験室はたちまち静寂に包まれる。後始末の確認をする教官の足音だけが響きわたる。

（一九九〇年四月）

学生実験のアンケート

私たちは週に二、三回化学実験を担当する。大学の制度が変わって、化学実験を必修にする学部が増えてきた。定員一二八名の学生実験室はいつも満員だ。学生が帰って、後始末が終わるとげっそりする。

化学系学科の学生に、出席のチェックを兼ねて実験の感想を書かせたところ、おおむね満足していることがわかった。これは記名式だったが、無記名だともっとおもしろい記述が出たかもしれない。最も多い記述は、「ビュレットなどの精密なガラス器具を初めて一人で使ったことに感激した」というものであった。

ペーパークロマトグラフィーの実験では、ガラスの毛細管で沪紙に試料をつけるが、その毛細管は学生に作らせる。試料の展開中は何もすることがないので、余ったガラス管で遊ばせる。これが結構人気がある。「ガラスがこんなにクニャクニャ曲がるとは思わなかった」と書く者が多かった。もっとも、ここで使わせているガラスは軟質で、普通のガスバーナーで簡単に融《と》けるものだ。最近のガラス器具は硬質で、簡単には融けないことも説明し、軟質と硬質の判別の仕方も説明している。

お、変なのが出てきたぞ。「実験がつらくてたまらない、学部進学後はこれが毎日続くのかと思

うとぞっとする、転学科したい……」これは意外だ。化学が好きだから化学科に入ったのではないのか。いや違う。偏差値で機械的に割り当てられた結果だろう。とすれば、ずいぶん気の毒な話だ。このまま学部に進学すれば、奴隷のようなつらさに苦しめられるのであろうか。学部で化学のおもしろさを認識し、やっぱり化学を選んでよかった、と変わることを祈るのみである。

「火薬の実験や、金属ナトリウムを水に落とす実験がしたかった」という者。どえらいことを言い出すものだ。知らないのか、勇敢なのか。もっとも、私は高校時代に、水上に浮かべた沪紙に金属ナトリウムを切り取って置いたことがある。もちろん先生の指導の下である。そのときはそれほど危険だとは思わなかった。

「濃塩酸の瓶の栓を抜いたら、煙が出てきたのでこわかった。滴が手についたので大あわてで水でよく洗ったが、大丈夫かな?」なるほど、最初はみんなそうだ。私にも覚えがある。もちろん化学実験の経験者ならみな知っているように、濃塩酸は濃硫酸ほど危険ではない。

話はそれるが、私は大学内ではサンダルを履いている。ときどき靴下に穴が空いているのを帰宅してから発見する。必ず学生実験のあった日だ。いつの間にか酸の飛沫《まつ》を足に受けているのである。会計係に公費で靴下を買ってくれ、と言ったらたちどころにノーの返事。やれやれ、暑いのを我慢して靴を履いて自衛するよりほか仕方がないか。

学生実験室にはシャワーが三つある。これは万一、大やけどをしたり衣類に火がついた場合の対策である。鎖をちょいと引っ張れば、一定時間水が流れ続ける。水洗便所の水と同じ仕組みだから、いたずらしないように注意した。幸い、いまのところシャワーを使うような事態は起こっていないし、いたずらをする者もいない。それにもかかわらず、「一度でいいからこのシャワーを使ってみたかった」というのがあった。冗談じゃない。こんなものが役立ってたまるか。

「たくさんの薬品や蒸留水をふんだんに使えることが、高校では考えられなかった。この経費は国税で賄われる。それなのに、実験がうまくいかなければ国民に対して申し訳がない」と、これはまた奥ゆかしい学生、みんなこうであれば、実験に限らず、講義の遅刻、居眠りもなくなるのであろうが、なかなかそうはいかないものだ。

さて、毎度のことながら、記述の中に誤字が多い。「講議」は、実験に限らずどこにでも出現する変な言葉である。そのほか、「適定」、「得為」（得意か?）「得れた」（ラ抜きか、それともラを送らなくてもよいと考えたか）などなど。これが本当の「感違い」といったところか。

（一九九六年一月）

女子短大にて

私は土曜日の午前中、金沢市内の女子短大*でフォートラン（FORTRAN）の講義と実習を行っている。ここへ通うようになってからすでに十年以上たった。初めて行ったときには、本音を吐けば、女の園へ堂々と立入るという、期待と興奮があった。

私が担当を任された授業は選択科目であったので、十数人の学生が講義室の後ろの方に固まって座っていた。座席は十分あるので、もっと広く別れて座ればいいのに、女子学生というのは宇宙の銀河系のように一箇所に固まる習性がある。金沢大学では、大部分男子の中に女子がポツンポツンといる。女子は男子という溶媒に溶ける溶質のようなものだ。このような希薄溶液の中に学生時代以来長いこと浸ってきた私にとって、溶質だけが存在する雰囲気は初めてだった。だから、溶媒を取去ってしまうと女子学生は結晶化するのだなと納得。

講義、説明が終わって、いったん学生が実習（プログラム作成）を開始すると、最初は大変だが、次第に慣れてきて手がかからなくなり、体が空く。こんなときはほっとする。トイレへ行くのもこのときであるが、女子大には男子用トイレが少ないので、遠くの管理棟まで行かなければならない。

一つの課題を完成するのに、ときには三週間もかかることがある。また、手の早い学生、遅い学生がいて、早い方は遅い方が終了するまで次の課題に進めず、待たされる。最初はこの処理に苦慮したが、最近はその調整のために、完成した者は次週の時間には来なくてもよい、もちろん欠席扱いにはしない、というボーナスを与える。すると、土曜日が休みになるというわけで、学生の目の色が変わってくる。毎日コンピューター室に通ってばく進。結果として授業能率が向上する。実にうまい手だと一人ほくそ笑む。すでに全員が完成、提出し、学生がだれも来ない、ということがまれにある。これこそ、私にとって大きなボーナスだ。

　提出物を見ると、同じようなスタイルのプログラムが何組かある。一生懸命共同で開発したのか、だれかのを写したのか定かではないが、いくつかの派閥があることは確かだ。この派閥が先ほどの結晶の一つ一つに対応する。

　私はときどき授業の一環として金沢大学総合情報処理センターの見学を行う。あるとき、タイミング悪くそれが期末試験の直前になってしまった。学生

はワーッと叫び、困ったなあという顔をした。そこで私は言った。

「行けばわかる。かわいい男子学生がいっぱいいるぞ」

すると学生、

「そんなところへ行かなくても、かわいいのはバスの中にいくらでもいます」

あーあ、女子学生はへこまない。

ここへの通勤には、晴れていれば自転車を使うが、雨や雪の日はバスに乗る。バスは女子大（四年制）、短大、付属高校の女子、それに金沢大学工学部の男子で満員である。途中で男子が下車すると座席が空く。バスの終点が短大である。

帰りは大変だ。始発のバスが来ると、大勢の学生が乗車口にワーッと殺到する。大学側は整列乗車を呼びかけているが、そんなものは何のその。全く効き目がない。私も負けるものかとばかりその殺到の中に加わる。負ければ座れない。山の中の学園だけあって、急カーブの続く下り坂は、若い者と違い、座っていなければとても耐えられない。だからといって今どき、先生に座席を譲るような殊勝な学生はいない。ラッシュを避けようとすれば、一時間も待たなければならない。女子にしっかりと囲まれてうらやましいと言った人がいたが、とんでもない。経験すればすぐわかる。男も女もない。強いものが勝つ。ともかく体力だ。

（一九九三年九月）

＊この短大は一九九五年四月、男女共学の四年制になった。

第2章　年二回の知恵比べ——試験

試験はいやだった。
しかし試験問題をつくり、採点する側になったらもっといやになった。
いやだいやだと思いながら到達した結論。
試験とは学生と教師とのだましあいだ。

女子短大の期末試験

われわれ教師にとって最もつらいのは試験である。私も学生時代、試験はいやだったが、つくって受験させる立場になったら、いやさが倍増する。問題作成と後の採点、特に採点はあくまで公平に行わなければならないから神経を使う。しかも、採点中に万一答案を紛失しようものなら大変なことになる。採点を済ませ、誤りがないことを確かめて、エンマ帳に記載し終わるとほっとする。

私は前章にも記したように女子短大でコンピューター関係の授業を担当している（「女子短大にて」二十二ページ参照）。以前、選択科目を受けもっていたころ、後ろの方に固まって座っている十数人の学生に「これが試験問題だ。見たい者は前へ来い」と言って、教卓越しに問題を広げて学生に見せたことがあった。すると、全員がパッと椅子をけって飛び上がり、教卓に殺到した。学生の目はらんらんと輝き、真剣に問題を見ている。私にはこの目の輝きが忘れられない。しかし、問題を見せたからといって、試験の結果がそれほどよかったとは思えなかった。

現在は必修科目を担当している。学生は四十五人ほどだ。このクラスで、以前のように問題を見せたりしたら押しつぶされてしまうだろうから、もうやらない。ましてや、本務の金沢大学で、百人以上の学生に対してそんなことをしたら、体をバラバラにされてしまう。

ある年の期末試験での話である。私は例年のように、せいぜい五十～六十点を平均点の目安としていた。いよいよ試験問題を配ったところ、学生がぼそぼそとささやく声が聞こえた。

「ねえ、去年と少し違ってない？」

「そう、変ねえ」

私はおやっと思った。何を言っているのだろう。講義内容が昨年と似ているからといって、まるっきり同じ問題を出すような不届きなことはしていない。

しかし、採点結果はあっと驚くような状況だった。百点満点中九十点以上が七割もいる。よくよく聞いてみると、一年先輩が彼女らに、前年度の問題を傾向と対策として教えたらしい。こんなことは女子短大はおろか、金沢大学でもいままでなかった。突然、先輩と後輩のつながりができたのは、何か特別なことがあったのだろうか。

それでも四十点程度の（今回に関しては飛び抜けて悪い）成績の学生が三、四人いた。大学関係

者に聞くと、彼女らは仲良しグループだそうだ。女子学生は数人から成るグループに分かれていることが多い。なるほど、そのグループには情報が届かなかったらしい。気の毒に、彼女らは再試験の対象になってしまった。

それにしても驚いた。もっと問題をひねっておけばよかったかな。しまったことをした……。いや待てよ。こんな考え方もある。不正行為があったわけではない。先輩と後輩につながりができ、共同戦線を張って、試験に全力を尽くし、ほぼ全員が満点に近い点をとったなら、それでいいではないか。あるいは、それだけ教育効果があったともいえる。彼女らが卒業したのち、私の担当科目でいい成績をとったという経験が、彼女らにとって一つの自信につながると考えれば、教師冥《みょう》利に尽きるといえるだろう。まあ、これからも学生の裏をかくような意地悪はしないことにしよう。

（一九九五年十月）

SIって何？

先日の期末試験は、理想気体、実在気体、そして熱力学を範囲とした。

問題用紙を抱えて私は決められた試験室へ入る。後ろの方に固まっている学生を前の方に移動させる。それから本、ノートをかばんの中にしまって、かばんのふたをするように指示する。そして問題を配る。適当に分けて最前列の学生に渡す。問題は後ろの方へ送られる。最後尾の学生に問題が渡るころには前の学生は解答を書き始めている。だから前に座っていた方が有利なのに、なぜ後ろに座りたがるのだろう。

さて、部屋がシーンとする。そこで受験者の人数を数える。三度も四度も数え直す。それは二十年以上勤めている間に、人数と答案枚数との食い違いを二回経験したからである。いずれも答案枚数が一枚足りなかった。そのうち一回は学生の一人が答案用紙を持ち帰ったことがすぐわかった。試験場に女子学生が一人だけいたのに、答案には女の名前がなかったからである。女子一人を呼び出すと後がこわい。そこで油を搾るのは教務係に任せた。

もう一回は、どうなっているのかさっぱりわからない。仕方なしに答案未提出（欠席あるいは答案持ち帰り）者をしらみつぶしに当たったが、欠席していることがわかっただけで持ち帰りなどの事実なし。受験したのに欠席になっているという苦情もなかった。結局、私の数え間違いというこ

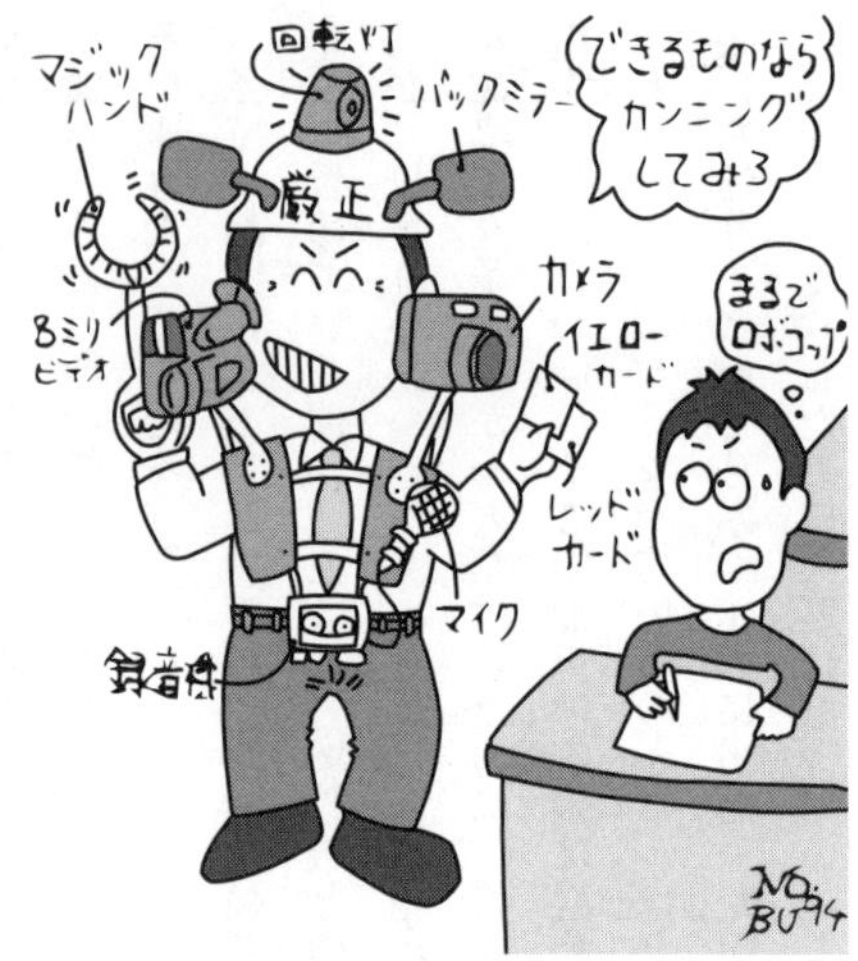

とで落着。
受験者数を数え終わると、終了まで退屈な時間が続く。後の採点のことを考えてみじめな気分になる。こちらが採点されているようだ。
さて、カモがいたぞ。不自然な姿勢で答案を書いている。どう見ても隣の学生の答案を見ているとしか考えられない。私が危険信号を発しても、やめようとしない。仕方がないから、その学生のそばへ行って姿勢を正すように注意する。しばらくの間はよかったが、間もなく元のようになってしまう。そこでわざと視線をずらしてみた。途端にその男、隣の男の答案に指を伸ばして何か聞いている。間違いなくカンニングだ。私にマークされているのを当然知っているはずだ。よほどの馬鹿か、そうでなければ図々しい奴だ。摘発して懲罰委員会にかけてやろうかと思ったが、摘発には証拠が必要である。この種の場合、現場写真でも撮っておかない限り立証は難しい。第一、試験室にカメラなどを持参するのは面倒くさい。摘発すれば給料が上がるというなら話は別だが、間違ってもそんなことはない。そこで、その学生と隣の学生の番号と名前をこっそりと確認しておくにとどめる。

採点すると、見られた方はかなり高得点をとっている。見た方は実にお粗末な点。さらにあちこちにけちをつけて、思いきり悪い点を与えておいた。

落書きが出てきた。いわく、「昨夜から風邪をひいて三十九度の熱を押して受験しています。熱が出たから熱力学がよくわかると思ったのですが、やっぱり駄目です。どうかお助けを」

これは気の毒だ。病気、忌引きなどやむをえない場合の追試験の制度があるから、それを利用すればいいのに、と考えたが、みんなが遊んでいるのに試験勉強というのはいやなものだ。この学生、先ほどのワルよりもはるかにいい点である。

ＳＩ単位に関する問題も出した。ＳＩ単位とはあらゆる物理量をメートル法に基づいて定義するもので、その基本となる物理量は七個ある。これら（名称でも記号でもよい）を書かせたら、物理量の**単位の**記号を書くものがたくさんいた。たとえば、mは質量（mass）の記号であるが、長さの単位（meter）の記号でもある。印刷ではそれぞれイタリック（m）とローマン（m）の書体で区別されるが、手書きの場合、この区別は難しい。前後関係からどちらを書いているかを判断しながら採点するのは大変だった。

さて、ＳＩは何の略かという問題に対して、学生は思いがけない問題に戸惑ったのか、正解は少なかった。その中にSekizaki's Ideaという答が出てきた。よっぽど点をやろうかと思ったが、やめておいた。

（一九九四年十月）

落書きも解答のうち？

試験の答案を採点していると、思い違いの珍答というのによく出くわす。当人が自覚していないだけに採点者にとってはきわめて愉快である。錫《すず》を鈴と書いたり（カナ書きすればいいのに）、ジェラール（十九世紀の化学者、構造式の走りともいえるものを考案）をジュラルミンとしたり、フロギストンをどこかのタイヤメーカーの名前と間違えたり……。**冶**金《やきん》を**治**金と書く者も多い。一点取れば正解だから一点減点で勘弁してやるか。しかし、**ち**金と書いたやつは許せない。人のノートを漫然と丸写しにして試験に臨んだことは明白である。

以前に、ニトロベンゼンの用途を尋ねたときのことである。医薬品や染料の原料となるアニリンの原料、という解答を期待していた。もちろん正解者は何人もいたが、模型飛行機の燃料という解答が目立って多かった。こんなことを話した覚えはないし、化学辞典や教科書にも載っていない。いったい何を書いておるかとばかりバツにしていったが、これだけ多いと気味が悪い。そこでおもちゃ屋に確かめたら、やっぱり正しかった。一般教育を担当する化学者は化学のみにとらわれず、他の分野の勉強も必要であることを痛感した。いやそれよりも、問題に化学的用途は何かと書くべきだった。

このような珍答のほかに、意識的な珍答もある。つまり落書きだ。

しんちゅうをしょうちゅうと書くのは単なる思い違いではない。ふざけている。

言葉の違いの説明を求める問題で、siliconとsilicone, molとmoleの解答に、「どちらも同じ意味でeはつけてもつけなくてもイー」というのがあった。

解答が一つも書いてなく、問題文や化学式全部に、下付きやら活字指定、ルビなど、印刷所向けに編集者が付ける記号を入れている暇人もいた。それらの付け方がよりによって皆正しい。これを氏名だけ消してこのまま印刷屋に渡せばきれいにでき上がることだろう。よほど暇をもて余したらしい。気の毒に……(?)

十年以上も前だったか、当時のテレビ漫画ウルトラマンをもじった派手なのが出てきた。答案用紙全体に、講義に登場した用語とウルトラマンをパロディー化してぎっしり。内容は忘れてしまったが、長い割には保存しておくほどの傑作でなかったことだけは覚えている。これだけ書けるのだから成績は悪くない。どう始

末してやろうかと考えたが、ひとまず成績の悪い者と一緒にして学籍番号を提示しておいた。案の定、くだんの学生、私のところに現れた。

「ボクもっと取れていると思うんですけど……」

（のこのこやって来るとは、こいつ馬鹿なのか利口なのか……）

「おまえか、変な落書きをしたやつは」

「スンマセン」

聞くところによると、この学生、受験した全科目に落書きし、ほとんど全部落とされたという。化学が最後の砦《とりで》だと言いおった。あきれるやら、おかしいやら……。

「ものにはついでということがあるから、化学もやり直せや」ということでチョン。

彼はとっくに卒業しているはず。今ごろどうしているだろうか。こういう豪傑は今はいない。うんざりするような採点中でただ一つの楽しみは（これは本音）、こういった落書きの出現だが、期待すればするほど出てこない。たまに、どうか通して下さい、という程度のきわめて素朴な（?）、いわゆる軽食並みが出るぐらいで、ディナー並みのものが出なくなったのは時代の流れであろうか。学生に、落書きの傑作を書いたら単位をやると言っておけばよかったか……。いや、そんなわけにもいかない。建前と本音が激しく対立する。

目の前には未採点の答案がまだ百数十枚残っている。哀れな兵士の戦いはまだまだ続く……。

（一九九〇年十月）

模範解答

試験の成績の判定は常に慎重であらねばならないが、なにしろ人数が多いので、機械的になる傾向は否めない。あらかじめ試験の成績に境界線を設けて、それに従って、優、良、可、不可の判定を機械的に行えば楽である。不可を加えなければもっと楽だ。

しかし、それだけでは能がない。学生が一生懸命勉強した結果を判定するのだから、ほかの要素も加えるべきである。理路整然とした説明、読みやすい字、数式と結果が整理されて書かれている答案には、学生の誠意が現れている。こういう答案にはそれなりのプラスを与える。それに対して、一応、答えは合っているものの、あちこちに乱雑な下書きがあって、消しゴムでいい加減な消し方をしている場合、金釘文字で何が書かれているか判読に手間どる場合、スバラシイ「達筆」……。こういうのは減点せざるをえない。

このようなやり方で、いままでに不可の学生から泣きつかれたことはあったが、判定に疑問をもたれたことはないし、受験しているのに欠席になっている（要するに答案を紛失した）という苦情もなかった。

学部の専門課目の講義では、少人数であるから試験はせず、出席回数や毎回の小テストで成績を判定する。ある年、講義ノートを提出させて判定しようとしたことがあった。すると、欠席・遅刻の常習者どもが、われもわれもと出席者のノートを写し始めた様子。雰囲気からしてその気配は感じられたが、ええい面倒、ノートを出した者はみんな合格にしてしまおう、と考えていた。すると学生から、こんな判定方法は困る、という意味の投書がきて、常時出席している学生の名簿まで添付されていた。学生の顔と名前がある程度結びついていたので学生からの名簿と照らし合わせて、

妥当な者だけ合格にした。そして、不合格者からのクレームはなかった。

私はときどき出席をとる。これも判定の材料にする。全時間数の半分以上出席がとってあれば、これは判定の強力な武器になる。しかし、内職、居眠り、代返と、こんなのがいては出席だけしていれば合格、ということもできない。このあたりの判断は難しいが、代返はいままでにいろいろな手段を講じて摘発していた。

ある日、答案を採点していたとき、大変よくできている者がいた。こんなに勉強してきたのがい

たのだ。うれしくなった。二位をはるかにひき離した一位である。間違いなく優だ。すごいと思って、その学生の出欠をみたら、なんと全部欠席である。受験資格を欠いている。優を取る前に、試験が受けられないのだ。これは困ったぞ。不可にするか。しかし、講義に出ずにそれなりの「独学」をしたのは立派である。いままでに、可にするか不可にするかで悩んだことは何度もあったが、優にするか不可にするかで悩んだのはこれが初めてだ。どう対処したかはご想像にお任せする。

これとはまた別の試験の採点中、ほとんど満点に近い答案が出てきた。だれだろうと思って氏名欄を見たら、名前が書いてない。いくら成績が良くても、こんなボンクラでは、今後の履修や、社会へ出てからの対応がうまくゆかんぞ。だれの答案なのか、名簿と照らし合わせて類察しなければならない。推定できたら、その学生を呼び出して、自分の答案であるかどうかの確認をさせることになる。場合によっては、教務係の立ち会いを依頼する必要もある。面倒なことをさせるものだ、などとぼやきながら、だれの答案か調べていった。しかし、わからない。

……はたと気がついた。鉛筆書きだったので、無意識に採点してしまったのだ。それは採点用に自分で書いた模範解答だった。満点だったかどうかは記憶していないが、満点でなかったらとんだ笑い話だ。

（一九九七年三月）

化学は暗記科目か?

どうも本書にはふさわしくないタイトルである。だが、心配めさるな。ここでは、高校における学習も含めて化学は暗記科目か否かということを本書の良識に従って考えようというものである。

英語、数学、国語の場合、ある特定の教科書に載っていた文を入試問題の材料にすれば、不公平だといって必ず袋だたきに遭う。どこの大学だったか忘れたが、国語の問題が、ある予備校の模擬試験の問題と一致していたということで大騒ぎになったことがある。この模擬試験の行われた時期から判断すると、本番の問題はすでに印刷されている。事前にその大学が知っていたかどうかわからないが、仮に知っていたとしても、どうにもならないだろう。予備校と同じ問題とはけしからんとマスコミにしかられた大学こそ、いい面の皮である。

それに対して化学は逆で、必ず教科書に載っていることを出題しなければならない。正解も教科書のどこかに出ていなければならない。下手な応用をすれば、教科書に載っていないとして、これも袋だたきだ。

化学の基本的な学習は英語、数学、国語とは異なって、やっと高校で始まる。小中学校で理科としてそれらしい内容は出ているものの、高校に至って大量の情報が一気にワッと出現する。これを一年そこそこで片付ける。こんな科目を、物心ついたころから訓練され、広い知識、応用力が備わった（はずの）英語、数学、国語並みに扱うことには無理がある。すなわち、化学は理解のための暗記がまず必要になる。元素記号はその最たる例である。高校の教科書を見ると、いわゆる理解のためのそれなりの工夫がしてあることがよくわかるが、やはり基本的な暗記項目の羅列であることは確かである。この暗記の時期を通過しなければ、真の化学の理解につながらないことを思えば、暗記重視は初心者に対して下手な応用力向上を求めるよりもかえって親切かもしれない。

それにしても、教科書はあまりにも盛りだくさんである。余裕がなさすぎる。だからといって、仮に高校で扱う範囲を縮小したとしても受験生の負担は軽減されない。化学系を志望する受験生には減った分の付けが後で必ず来る。そうでなくても入試制度や試験の範囲をどういじろうと、大学が希望者の中から一定の定員分をよりすぐるとい

う選抜の考え方がある限り、受験生の負担を軽くするとか重くするなどという議論は無意味である。

化学の教科書(高校、大学いずれも)を電話帳と言った人がいた。味もそっけもない情報の羅列の意味だろう。たとえば、塩化銀($AgCl$)、炭酸カルシウム($CaCO_3$)は水に溶けない。しかし、炭酸ナトリウム(Na_2CO_3)は溶ける。なぜだ、といわれても理由はわからない。それなりの理由がわかる(理解できる)のはかなり高度の知識が身についてからである。この電話帳との戦いは高校に限らず化学を専攻する限り続く。学部へ進学してから必修科目として多くの時間をかけて受講した有機化学、無機化学は正に電話帳だった。電話帳の一例を挙げると、過塩素酸イオン(ClO_4^-)、過臭素酸イオン(BrO_4^-)、過ヨウ素酸イオン(IO_4^-)の場合、過臭素酸イオンだけは存在しない。これはさんざんたたき込まれたハロゲンの知識では理解できない。実験しようにも存在しないことの確認はきわめて難しい。なお、過臭素酸はセレン酸イオン(SeO_4^{2-})のSeの原子核反応によっての み得られることを、卒業後、学術文献で知った。そして暗記した。暗記したからいまでも覚えている。暗記は化学の宿命である。

学部学生時代に試験という脅迫(?)におびえつつ無理やりたたき込まれた電話帳が現在の一般化学教育者としての血となり肉となっていることを思うと、学問の習得の基本として、暗記は避けて通ることのできないものと考える。だから私は学生によく言う。「暗記とは、理解のための一里塚」と。

(一九九一年二月)

第3章　こわーい話

会いたさ見たさにこわさを忘れ……、というのは歌の文句。
だれにもこわいもの見たさという心理がある。
恐れ入りますが……という表現は、
相手のこわさを予想して出てくる言葉か。
ここで出てくるのは恐れ入るほどこわい話ではない。

青酸を出す植物

植物の中には有毒物質を含むものがあるが、今回はその中で青酸を出す植物にまつわる話題を提供しよう。これらの植物にはシアンヒドリンが含まれている。

シアンヒドリンとは、一つの炭素原子にヒドロキシ基（−OH）、シアノ基（−CN）が結合した有機化合物の総称である。この物質は、上記の反応のように、たやすく青酸（HCN）を発生するので、物騒な化合物だ。この中の一つアミグダリンは配糖体の一種で、その構造は、R_1＝フェニル、R_2＝H、そしてOHの代わりに糖となっている。これはウメ、アンズ、モモなどの種、およびギンナンに含まれており、種を割ると確かに青酸のにおい（いわゆるアンズのにおい）がする。私の子供時代、梅干しの種の中には天神様がいて、割って食べると罰が当たるといわれていた。成長してから私は、種の硬い殻で口の中を傷付けたり、歯を悪くするからいけないという戒めの意味と考えていたが、実はそうではなく、アミグダリンを恐れた昔の人の生活の知恵だったのだ。青梅は実（種を囲む部分）の方にもアミグダリンが多量に含まれるので、絶対に食べてはいけない。

シアンヒドリンからの青酸の発生

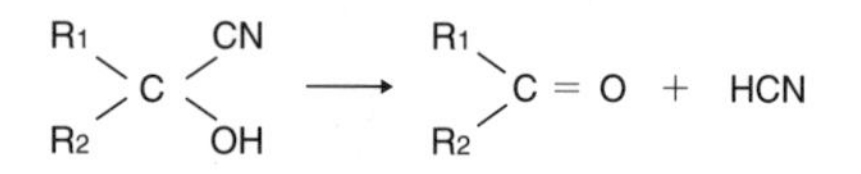

青梅が少し黄色くなりかかったのは甘味があってうまい。熟しそこなって地面に落ちたのを拾って食べたことがある。親にばれてひどく叱られたのを思い出す。同級生に食べすぎて学校を休んだのがいた。幸い生命に別条はなかったが。

モモの種も同様である。これは、古代エジプトで処刑に用いられたと聞いた。モモの実の刑といったそうだ。

こんな猛毒のアミグダリンが何と現在、せき止めの特効薬として使われている。その効果は青酸によるというから、青酸カリもせきに効くことになる。まさに、毒と薬は紙一重だ。さらにアミグダリンは抗がん剤にもなるが、認可されていない。

話は変わるが、ヨーロッパ原産のクローバーも青酸を発生する配糖体を含むと聞いて驚いた。おもしろいことにその毒成分は高温帯に生育するものほど多いことがわかっている（一戸良行『毒草の雑学』研成社（一九八〇））。クローバーは生えたまま放牧動物の餌として用いられるから、関係者にとっては大変だ。ただし、日本ではその被害例を私は聞いて

いないから、あまり心配しなくてもよいのかもしれない。

クローバーの三つ葉はキリスト教の三位一体に関連し、四つ葉は希望、信頼、愛情、幸福を表すというが、裏を返すととんでもない草だ。

クローバーといえば、普通はシロツメクサであり、オランダゲンゲともいうが、ほかに、カタバミ、ウマゴヤシ、アカツメクサは広い意味のクローバーとされている。

シロツメクサのシロは花の色からきたことは明らかであるが、ツメは何を意味するのだろうか。花弁が切った爪に似ているから「爪草」か。とすれば、何とまあ無粋な命名をしたものか、と思ったらやはり違っていた。

江戸時代に、オランダからのガラス製品の輸送に、パッキングとしてクローバーが使われていた。だから「詰め草」とよばれたのである。ツメクサはそのまま放置され、やがて日本の気候風土になじんで、全国に広がっていった。だから、クローバーは、帰化植物の一つである。

オランダは気温が比較的低いので、そこから来たツメクサは毒性の少ない方に入っている。だから、日本のクローバーはあまりトラブルを起こさないのだろうか。

それにしても、glassをgrassでパッキングしてきたなんて、しゃれているではないか。

（一九九四年九月）

毒物による中毒死

わが研究室で、シアン化カリウムを服用すると死ぬまでにどれくらいの時間がかかるか、という議論になった。三十分以上かかるという説と数秒でいかれてしまうという説とが入り乱れた。いろいろな意見が飛び出し、どうしてもまとまらない。「ひとつやってみるか。どっちに賭《か》ける？」とまではエスカレートしなかったが。

私は、シアン化物イオンが体内に入ると、えらいものが入ってきた、ということで、全身がそれを阻止しようとしてショック状態になり、すぐに死亡する、と思っていたが、どうもそうではないようだ。

細胞の中には各種のシトクロムが存在する。これは鉄（Fe）の錯体で、$Fe^{2+} \rightleftarrows Fe^{3+}$の反応により、ブドウ糖を酸化させてエネルギーを取出す機能がある。シアン化物イオンはFe^{3+}に結合して、シトクロムの機能を止めてしまう。その結果、ブドウ糖と酸素が存在するにもかかわらず、エネルギー不足で組織内呼吸ができなくなり、細胞は死んでしまう。特にエネルギー消費量の多い中枢神経ではその被害が大きい。中枢神経がやられたら、体のあらゆる器官が動かなくなる。服用量にもよるが、この効きめは概して早く、最悪の場合数分で死亡する。早急に適切な治療をすれば助かることもある。

もう一つ、シアン化物イオンはヘモグロビンとも結合してシアン化ヘモグロビンをつくり、ヘモグロビンの酸素運搬能力をなくすことも死因としてあげられる。だが、これは主たるものではない。

推理小説によれば、シアン化ヘモグロビンは鮮やかな赤色で、死亡した人の体はきれいなピンク色になっているからすぐわかるという。一酸化炭素中毒による死体も同様である。

しかし実際は、交通事故や爆発事故などで即死しない限り、人間も含めた動物は死ぬまでに長い時間がかかる。体のあちこちが次第に弱り、死ぬための準備が進む。ある程度まで進むと、まもなく自分が死ぬことがわかってくる。象が死を予見して群れから離れるのもその一例である。やがて死の苦しみが迫ってくると、全身にエンドルフィン、エンケファリンなどの快感を与える物質が分泌され、動物は苦しむことなく死ぬんだそうだ（高柳和江『死に方のコツ』飛鳥新社（一九九四））。エンドルフィンなどは体が極限状態（たとえばジョギング）になると脳に分泌される麻痺《ひ》剤で、その作用はモルヒネの十倍に及ぶという。ジョギング

を始めるとその壮快さが忘れられず、習慣的に毎日ジョギングをするようになるが、これは一種の麻薬中毒で、体力の限界を超えた状況になっても走り続ける（加藤邦彦『スポーツは体にわるい』光文社（一九九二））。死の直前はこれらの「麻薬」が脳のみならず全身にどっと分泌されるのだ。さぞかしいい気持ちだろう。

シアン化カリウムは青酸カリともよばれる。めっき業界ではシアン化ナトリウムも青酸カリとよんでいるそうだ。大人一人に対する致死量は文献により異なるがおおむね一五〇ミリグラムである。猛毒物質の代表のように考えられているが、自然界にはもっとすごいものがある。

トリカブトの毒（アコニチンを主成分とするアルカロイド）の人間に対する致死量は〇・五ミリグラム程度といわれている。フグ毒（テトロドトキシン）の致死量もまた一ミリグラム以下である。フグにあたって危うく助かった人の話をどこかで聞いた。それによれば、自分の「死体」のまわりで悪口を言ったり、遺産相続でもめているのがよく聞こえた。このまま火葬場へ送られてはかなわん、と思ったとのこと。普通は死亡したとされる時刻から二十四時間以上経過すれば荼毘《だび》が許される。その人がいったい何時間死体となっていたのかは定かでないが、よく生き返ったものだ。確かにフグ毒による中毒は、一見死んでいるが、実は生きているという特徴をもっているらしい。フグにあたったら、首だけ出して全身を土の中に一週間ほど埋めておけば生き返る、といわれている。埋める根拠はわからないが、完全に死亡したかどうかは時間をかけて確かめるべきということだろう。

（一九九七年十一月）

アジ化ナトリウム

アジ化ナトリウム（NaN_3）による中毒事件が一九九八年ごろに相次いで起こった。アジ化ナトリウムは一般にはほとんど知られていない物質であるが、分析化学や生化学の分野にはよく登場する。一九九八年のノーベル医学生理学賞の対象となった一酸化窒素（NO）の発見にもアジ化ナトリウムが役立っている。

アジ化ナトリウム自体爆発性はないが、酸によりアジ化水素（HN_3）を生じる。これは揮発性の液体で、有毒で爆発しやすい。アジ化水素は水に溶けてアジ化水素酸となる。アジ化水素酸は上記のように平衡状態になっている。この溶液を濃縮すると爆発する。濃縮してはいけない。

アジ化ナトリウムは水の存在下で重金属と定量的に反応するので、分析試薬として使われる。しかし反応でできあがったアジ化金属の多くは爆発性がある。特にアジ化鉛（$Pb(N_3)_2$）は水溶液中の沈殿でも結晶同士のわずかな摩擦で爆発するというから恐ろしい。

アジ化鉛は、アジ化ナトリウムの希薄水溶液をかくはんしながら、酢酸鉛の希薄水溶液を注ぐと沈殿する。このときアジ化ナトリウムの水溶液に微量のゼラチ

アジ化水素の溶解

$$HN_3 + H_2O \rightleftarrows N_3^- + H_3O^+$$

ンかデキストランを加えておけば、やや鈍感な無定形粒状物が得られる。これは雷酸水銀（$Hg(ONC)_2$）と並んで、爆薬の起爆薬として雷管に用いられる。

アジ化ナトリウムを徐々に加熱融解すれば三〇〇度で分解し、窒素を発生しながら高純度の金属ナトリウムを生じる。もちろん高純度の窒素も得られる。

アジ化ナトリウムはＪＩＳハンドブックには猛毒と書かれている。また、『取扱い注意試薬ラボガイド』（東京化成工業（株）編　講談社（一九九八））によれば、経口投与でネズミの半数が死亡する量（LD_{50}）が体重一キログラム当たり三〇ミリグラム以上である。またLDL_0（報告された最小致死量）が体重一キログラム当たり四二ミリグラムとなっている。ちなみにシアン化ナトリウムのLD_{50}は六・四ミリグラムである。

アジ化物は「毒物及び劇物取締法」（「薬と法律」一六一ページ参照）に指定されていない。死亡者こそいなかったものの、何人もの人が入院したことで、厚生省はアジ化物を毒劇物に指定するための検討を始めた。しかしシアン化ナトリウムと比べると、その毒性は前記のようにかなり小さい。

それにしてもアジ化物の動物実験はどんな方法で行ったのだろうか。動物実験では相当大量のアジ化物を投与することになる。餌に含まれる水分と反応してアジ化水素酸が生じると、餌の用意段階で爆発した、とか、ネズミの腹に入った途端に胃酸と反応してネズミが細切れになることはなかったのだろうか。

毒物や劇物の取扱いでは、爆発しやすいということは考慮されない。引火性、爆発性物質の規定は自治省の外郭の消防庁が行う。消防法の別表に引火性、爆発性のものが六種類に分類されている。この中にアジ化物は記載されていない。

そこで、消防署に問合わせたところ、第五類の自己反応性物質の中に含まれるとのこと。この類は、有機過酸化物、硝酸エステル、ニトロ化合物、ニトロソ化合物、アゾ化合物、ジアゾ化合物、ヒドラジンの誘導体、その他のもので政令で定めるもの、となっている。これをみると、アジ化物は具体的に入っていないが、「その他のもの云々」の中に、アジ化水素酸、アジ化金属などが入っている。ただしアジ化ナトリウムは爆発性が小さいので入っていない。

さて、自己反応性物質の定義は次のとおりである。

「自己反応性物質とは、固体または液体であって、爆発の危険性を判断するための政令で定める試験において政令で定める性状を示すもの又は加熱分解の激しさを判断するための政令で定める試験において政令で定める性状を示すものであることをいう」

これでは頭の方が爆発しそうだ。

（一九九八年十二月）

ヒロポン

われわれ人間は、古来から健康維持と快適な生活を求めて、いろいろな薬剤を発明、発見し、使用してきた。これらの薬剤の中には、当初、その効果、利点のみが強調され、その害の調査が遅れたものも多い。サリドマイド、キノホルム、クロロキンはその代表的な例で、それぞれ奇形児出産、スモン病、網膜障害が起こって、現在では使われなくなった。ペニシリン、ストレプトマイシンは使用禁止までには至っていないが、医師の慎重な投与が義務づけられている。

こういった薬剤の中に、かつては家庭の常備薬になっていたものが、現在では厳重な法律の監視下におかれて、一般の人は見ることもできないというほど、大きな振幅を示したものがある。それはヒロポン（philopon）である。これは日本で発明された薬剤で、ヒロポンというのは日本の製薬会社の商品名である。化学名はメタンフェタミンといい、類似化合物アンフェタミンとともに覚せい剤とよばれる。構造式を下に示す。

ヒロポンは、最初軍隊で夜間の歩哨《ほしょう》（見張りの兵）の居眠り防止用として使われ、さらに体力、精神力増強に利用されていたが、やがて市販されるに

覚せい剤の構造式

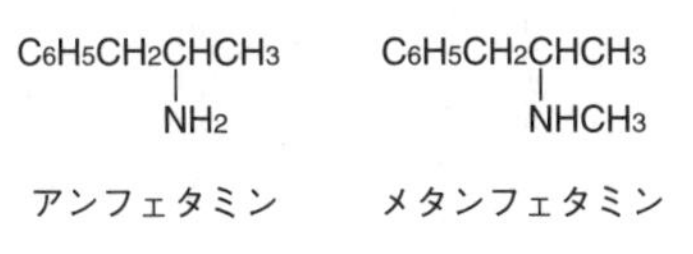

1943（昭和18）年6月10日の新聞広告

至って一般市民に広まった。そして、当初は頓《とん》服用の錠剤であったのが、より強い効き目を求めて注射剤になっていった。上の図は、その新聞広告である。印刷が悪くて見にくいかもしれないが、右の方に次のように書かれている。

「本剤はd-Phenyl-2-methylamino-prpanの塩酸塩であつて、次記の如き未だ曾つて知られざる特異なる中枢性興奮作用を有し、倦怠除去、眠気一掃に驚くべき偉効を奏し、醫界、産業界等あらゆる方面に異常なる注目と愛用を喚起しつつある最新剤である」

化合物の万国共通名のスペリングが少しおかしいことはさておき、その左に適応症が紹介されている。その中には憂鬱《うつ》症もある。確かに、現在でも極度の鬱状態にはヒロポンを使うことがあるそうだが、憂鬱症という言葉がすでにこのころにあって、薬で治るとなっているのは注目に値する。さらに左端には「各地薬店にあり、品切の際は直接本社へ御注文乞ふ」となっている。

この広告は一九四三（昭和十八）年六月十日、北國毎日新聞（地元の北國新聞の前身）に載ったものである。この新聞には、太平洋戦争における帝国軍の威勢のいいところが紹介され、七月一日を以て東京府を東京都にするという法案の通過が報道されている。また、戦時下の学問技術要員の養成を目的とした国家的育英制度の創設が決まったとあるが、これこそ現在の日本育英会である。

人々はこのころ、疲れた、眠い、あるいは仕事の能率が上がらないという理由で、安易にヒロポンを服用していたのである。しかし昭和二十年代になって、ポン中（ヒロポン中毒者）の大量出現とそれに伴う犯罪の増加で、ようやくその危険性が認識されるようになり、使用が厳しく規制されることになった。

ところで、ヒロポンとは、疲労がポンと治る意味だと思ったら、そうではなく、ギリシャ語の働き好きの意味である。

（一九九〇年二月）

雷

湿った暖かい空気に冷たい空気が接すると、暖かい空気が押し上げられる。これが上昇気流である。高いところほど大気圧が低下するから、上空高く上がった空気は断熱膨張して温度が下がる。ここにさらに、まわりの冷たい空気による冷却が重なる。すると、空気中の水蒸気が液化（水滴）または固化（氷片）する。暖かい空気が急激に高度十〜十五キロメートルぐらいまで上昇すると、激しい断熱膨張により氷片の大集団が生成する。これが積乱雲である。小さい氷片は押し上げられ、大きい氷片は下に落ちて液化する。これが夕立となる。

積乱雲の中では氷片の上下が繰返され、このために、電気的に中性であった雲の中に正と負の電荷が発生する。通常は雲の上方が正で、下方が負であるが、下方の一部分に正の電荷が生じることもある。電荷発生の原因についてはまだ解明されていないが、おそらく空気や氷片の摩擦による静電気ではないだろうか。

雷はこの電荷が放電することにより起こる現象である。日本の雷には、通常、梅雨の終わりごろに南から押し寄せる小笠原高気圧によるものと、夏の終わりごろにアジア大陸から下りてくる冷気によるものとがある。私の住む北陸では、さらに真冬に、雪が降り出す前に雷がしばしば鳴る。われわれはこれを「雪起こし」とよんでいる。この原因は、海に突き出た能登半島による異常な上昇気流のためのようだ。だから、北海道、東北、山陰方面の日本海側では、雪は降るが雷はほとんど鳴らないと聞いている。

いつだったか大学入試センター試験の当日に、会場だった金沢大学の校舎が落雷で停電し、試験の開始時刻を三十分か一時間遅らせたことがある。あとで、東京で行われた全国の国立大学の何かの会議でこのことが話題になり、「金沢では冬に雷が鳴るのですか？」と、けげんな顔をされたという報告を聞いた。

さて、ある夜遅く、雷が鳴り出した。うるさくて眠れぬ。寒いのと眠いのとで床の外へ出る勇気もない。いいかげんにしてくれよ、と布団をかぶったまま悶々《もんもん》としていた。そのとき、猛烈な雷鳴が二発続けて響いた。特に二発目は、稲妻と音が同時だった。これは近い。道路の電柱の避雷針に落ちたのかもしれない。金沢の電柱のほとんどは避雷針をつけている。しかしあとで、この雷はわが家から百メートルほど離れた民家の屋根に落ち、屋根に穴をあけたこと

がわかった。雷は必ずしも避雷針や高いところに落ちるとは限らない。狭い道路のマンホールのふたに落ちたという例もある。

それはともかくとして、その二発目で、ぐっすり眠っていた妻が目を覚ました。そして、自分の床を出て、横になっている私の体を強く揺すった。何をするつもりかと思ったら、そのまま妻は床に戻って、すやすや。わが家が被害にあったわけでもないのに、雷ぐらいで起こされてたまるか。いやそれよりも、私は眠れずに起きている。起きていることぐらい見ればわかるはずだ。

翌朝、彼女いわく。

「あんたのいびきで一晩中眠れなかったわよ」

ん？　雷の音を私のいびきと思ったか⁉

「なにー、いびきじゃなかったのー？」

……ああー、天下太平だ。こうでなければ北陸には住めない。

そういえば、雷親父という言葉がある。これは、休日に何もしないでゴロゴロしている親父のことだそうだ。

（一九九七年二月）

電磁波

電磁波が体に悪いという説は、アメリカの学術誌に発表された一つの論文により始まった。それまで予想もしなかった新説に世界中が驚いた。当初無害とされた放射線が恐ろしいものであることがわかったときと同じ状況が生じた、とだれもが考えた。ところで、この論文のことを私は新聞（一九九七年二月三日付北陸中日新聞）で読んだのだが、その記事はアメリカにおいて多くなった論文の捏《ねつ》造についてのものであった。電磁波に関する論文が捏造とは書いてないが、妙なところで引合いに出されているから気になる。

それはともかくとして、それ以来多くの研究が行われ、総説も出、大衆本も出た。しかし、電磁波の害については疑わしいとする意見も多く、文字どおり方向のわからない混乱状態になっている。

磁気もまた槍《やり》玉にあがっている。磁気は厳密には電磁波ではなく、電磁波の一成分である。現在、日本では四人に一人が携帯電話をもっているという。これを使えば電磁波と磁気の両方に見舞われる。携帯電話の使いすぎは脳腫瘍の原因になるという説もあるから穏やかではない。しかし、まだ脳腫瘍になったという「実績」は出ていないと思う。はたして電磁波や磁気は体に悪いのだろうか。

電磁波が生体に何らかの作用をすることは確かである。それは腰痛、肩こり、神経痛などを治療するために微弱な電流を通したり、磁石を当てたりすることからも明らかである。この方法が功を奏する、ということは、逆に副作用もあると考えられないか。神経を経由する体内の情報伝達にはイオンが関与している。ここへ電流を流したり、磁気を近づけたりすると、イオンの移動が狂ってくるとも考えられる。

しかし、肩こりを治すような電流はビリビリくるようなかなりきついものである。われわれの生活空間がビリビリ電流が流れているような状態だったら、確かに体調がおかしくなるであろう。しかし、そんなことはない。江戸時代には、可視光線と太陽からの紫外線、宇宙からの電磁波などがあるだけで、人間がつくり出した電磁波はなかった。しかし今は、テレビ、ラジオ、その他の通信、高圧線など、空間は電磁波だらけである。それでも人間の寿命は江戸時代より格段に長くなっている。

20XX年,
ついに電磁波が肩こりに
効くという説が発表される。
おばあちゃん何してんの!?
ほっといてくれ,わたしゃレンジで肩こりをチンするんじゃ
NOBU 98

私の学生時代のころ、エマンテという道具がはやった。これは磁石を手首に巻きつけるもので、肩こり、腰痛に

効くといわれていた。私の親戚がエマンテをつけたところ、ひどい悪寒と下痢に襲われて、慌ててはずした。私も試しにやってみた。二週間ほどつけていたが、何も起こらなかった。体質によるのであろう。

もし、電磁波が肩こり、腰痛に効果があるとしたら、リニアーモーターカー（JRの正式名称は超電導磁気浮上式電車という長い名前である）の走っている周辺（山梨県内）に住む人々は肩こりや腰痛がないということになるが、そううまくいくかな。

電車の架線がたくさんある、東京の品川―東京―日暮里沿線は電磁波がいっぱいである。ここに住む人はどうだろうか。

さて、通産省・資源エネルギー庁は、ネズミを使った動物実験の結果、高圧電線の下、電話など、普通の環境下では動物の生殖機能に影響はないという結論を出した。また全米科学アカデミーががんとの因果関係はないと結論している。（一九九七年五月一日付北陸中日新聞）。

電磁波（に関する説）とわれわれの生活との戦い、明快な結論が出るのはいつのことだろう。

（一九九八年二月）

ちょっとここらで一服　タバコ

タバコは酒とともに代表的な嗜《し》好品で、健康問題ともからんで注目されている。医師は初診の患者に必ず一日の飲酒量、喫煙量を聞く。しかし御飯を何杯お代わりするかを聞くことはない。

タバコは、アメリカ大陸で*インディアンが宗教儀式に使用していたのを、コロンブスが持ち帰ってからヨーロッパに広がった。十六世紀の中ごろ、ポルトガル在住のフランス人ジャン・ニコー(Jean Nicot)は自分で栽培したタバコの葉が皮膚病や片頭痛に効くことを知り、フランス王室に献上した。ニコチン(nicotine)の名称はこれに基づく。

ニコチンの致死量は五〇~六〇ミリグラムである。青酸カリの致死量約一五〇ミリグラムより少ない。タバコ一本のニコチン含有量は約二〇ミリ

あら、またやめるつもり？。

グラムだから三本で命取りということになるが、これはムシャムシャ食べたときの話。燃やしてその煙を吸っている限りニコチンも燃えて、体内に吸収されるのは、おそらくその一％以下である。

むしろ煙に含まれる酸化窒素、一酸化炭素、アルデヒド、タールなどの方が問題だ。これらが肺がんを誘発するとされ、空気中に漂う煙を吸い込むいわゆる二次喫煙の問題が絡み、喫煙者にとっては次第に肩身が狭くなってきている。そこで何とかやめようとするがなかなかやめられない。禁煙は禁酒より難しいそうだが、マーク・トウェーンがいっていた。「禁煙は実に簡単、だれでもいつでもできる。私も昨年は三六五回禁煙した」

嚙《か》みタバコや嗅《か》ぎタバコならこのような害はないが、そのかわりに多量のニコチンの急激な吸収が危険を及ぼす。それよりも、紫煙をくゆらしてうまく間をとるというのはタバコ飲みにしかできない芸当である。このムードは嚙みタバコやチューインガムからは到底出てこない。

ニコチンは喫煙開始後二、三秒で脳の中枢神経に到達し、一時的な興奮と多幸感を生み出す。これは酒や麻薬よりはるかに早い。そしてニコチンの耐性の形成もまたアルコールの場合より

早く現れるから、ニコチン中毒にはアルコール中毒よりもなりやすい。確かに一週間に、ビール一本とか、酒一、二合という少量を守っている人は多いが、タバコ二、三本を守る人はおそらくいないだろう。ともかく、一日吸い出せば、一日に五本、十本となっていくようだ。

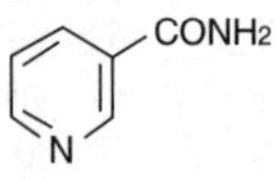

ニコチン酸アミド

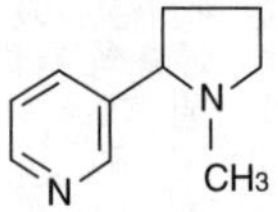

ニコチン

ニコチンとは別にニコチン酸アミドという化合物がある。これはビタミンB複合体の一つである。両者の構造を右に示す。図のように似ているといえばいえないこともないが、生体中でニコチンがビタミンBになるということは聞かない。両者は似て非なる物質である。

私は小学校入学前に大人の吸うタバコに強い好奇心をもち、一度はやってみたいと思っていた。親父のいないときをねらって、パイプを使って火をつけてまずは一服。途端に猛烈にせき込んだ。何だいこれは……？　こんなもののどこがうまいのだろう。もうこりごり。というわけでそれ以来、タバコを口にしたことはない。ただし、そのとき私がパイプに詰めていたものはタバコではなく、ポケットの中の綿くずだった。もしもこのとき本物を詰めていたら、子供のころから無類のタバコ好きになっていたかもしれない。

（一九九一年十一月）

＊アメリカではインディアンという言葉は差別語とされ、アメリカ原住民(native American)という言葉に置き換わっている。

第4章　武士は食っても食わぬふり——食品

武士は食わねど高楊枝というのは古い話。
現在のサラリーマン武士は、
腹が減っては戦ができぬ、だ
腹が減ったら何食わぬ顔をして
何かを食うことが肝心。

ラーメン

太平洋戦争後かなり長い間、日本は米不足に苦しんだ。そしてアメリカから大量に輸入された小麦粉を利用して食糧難を乗り切ろうとした。その結果、うどん、パンが広く出回った。人造米というものも現れた。人造米は、人々の見守る中、いざ炊いたら粒がつぶれて団子のようになってしまい、考案者はまた出直しますと言って帰ったとか。

インスタントラーメンもまたこの時期に生まれたものである。つまり、米や麦の主成分である、結晶性のβ–デンプンを加熱すると、結晶がくずれて消化のよい（したがって、うまい）α–デンプンになる。普通に冷やすとβ化するので、急激に冷やしてα化させたまま固める。

最初に登場したのが、どんぶりに入れて湯をかけるものだった。私はそれを食べて、うまいとは思わなかった。その後、煮てつくるものが登場し、次第に味がよくなって需要も急激に増加した。一九七五年ごろに再び、湯をかけるもの、いわゆるカップラーメンが登場した。もちろん日本独特のラーメンで、現在では世界に輸出しているというから大したものだ。そして、インスタントラーメンの技術が応用されて、日本式スパゲッティ、焼きそばも現れた。

ラーメンはもともと中国の食べ物である。ラーメンが日本に初めて現れたのは、関東大震災の後である。日本ではしょうゆ味のスープを使い、中国とは異なった日本式ラーメンとなった。

ラーメンは、小麦粉、塩、カンスイ、卵をよく混ぜて練り合わせ、細い糸状に引っ張って、適当な長さに切ったものである。ラーメン（中国語で拉麺《ラーミエン》）の「拉」という字は引っ張る意味である。これに対して、薄く延ばして包丁で細く切ったものは切麺《チエンミエン》という。

ラーメンに用いられるカンスイ（梘水）は炭酸ナトリウム（Na_2CO_3）と炭酸カリウム（K_2CO_3）の水溶液で、最初は天然に存在するもの（おもにカリウム塩）を使った。土地によってその濃度、不純物などが異なり、その土地独特の味を引き出していたと思われる。

カンスイを入れるとグルテンが多く形成され、弾力性と歯ごたえのよさを生み出す。さらに、小麦粉のフラボン色素がラーメン独特の黄色い色になる。まさにラーメンはカンスイなしには存在し得ない。

最近のカンスイは人工的につくられている。だからであろうか、いつだったか、カンスイは人工添加物で体によくないという話が出て、カンスイを加えない

メン
850円
お婆ちゃん,
これで５杯目だよ,
いいかげんにしないと
おなかこわすよ
メー
フフっ,あたしゃ
あんたんとこの
カンスイラーメン
たくさん食べて
ポックリ
いきたいんだョ

ラーメンが登場したことがあった。現在、その話は消えている。カンスイの中のカリウムイオンを多く摂取すると、心臓に悪影響を及ぼすことは確かだが、ラーメンを食いすぎて心臓麻痺《ひ》になったという話は聞かない。その前に腹をこわすであろう。あまり心配する必要はないと思うのだが、いかがなものであろうか。

インスタントラーメンといえば、私はいつも小池さんを思い出す。かなり度の強い眼鏡をかけて、いつも真剣な顔でラーメンを食べている。あれでは寝る暇がないだろう。小池さんのは煮てつくるラーメンだ。小池さんてだれ？　漫画のオバQとドラえもんの知り合いである。ドラえもんを知らない？　それでは小学生に聞いて下さい。いや、大学生の方がよく知っているかも？

（一九九八年六月）

そうめんとひやむぎ

そうめんとひやむぎはいずれも夏の食べ物で、冷やして食べるとうまい。日本農林規格（ＪＡＳ）では、そうめんは直径一・三ミリメートル未満、ひやむぎは直径一・三ミリメートル以上と規定されているだけで、両者の違いは太さだけとのこと。

そこで私はそうめんのいくつかのメーカーに問合わせた。すると以下のような答が返ってきた。そうめん作りには低温、湿潤、ただし戸外は晴天という条件が必要であるから、製造はもっぱら冬に太平洋側の地域で行われる。実際には関西が多いようだ。

まず小麦粉を食塩水とともによく練って厚さ五センチメートルほどの板状に延ばす。これを生地《きじ》という。次にこの生地のまわりから約五センチメートルの幅で渦を描くように中心に向かって切り進む。これで生地がぜんまい状になる。このぜんまいを延ばせば断面が五センチメートル角の長い柱状になる。この表面に油を塗りながら棒状に整形する。油は水分や揮発物質の蒸発を防ぐためである。その状態でしばらくおく。この間に食塩の作用で熟成が進む。すなわち小麦粉のタンパク質が網の目のように結合してグルテンを形成する。その後各種の方法でゆっくりとねじりながら延ばして細くし、しばらく放置する。これを繰返してグルテンの形成を促し、より強靭《じん》で、より細い棒状にする。最終的に一ミリメートル以下の太さにする。それから二メートルほどの長さに切り、戸

外で干す。乾燥後は約二〇センチメートルの長さに切断し、小さい束にまとめて箱詰めにする。

以上の作業に二日かかる。一日目の午前四時から二日目の午後四時までの三十六時間だ。一日目と二日目の間は乾燥しないようにして十二時間熟成させる。二日目に戸外での乾燥という作業があるから、天気予報に注意しなければならない。

このような方法で作られたそうめんを手延べそうめんという。手延べとはいっても、細くする過程の多くは機械化されている。

ひやむぎの作り方はそうめんと同じで、太めに仕上げるだけである。

これとは別に、薄く延ばした生地を日本工業規格（JIS）で規定された機械で細く切る、という製法もある。このようなそうめんまたはひやむぎは、断面が四角形である。この太さについてもJASの規定がある。角棒状のひやむぎの場合、断面が一・二ミリメートル以上一・七ミリメートル未満×一・〇ミリメートル以上一・三ミリメートル未満で、これより細いものをそうめん、太いものをうどんという。

機械切りの場合は、グルテンの強力な作用（熟成）があまり期待できない。だから、いわゆる

「のびる」という現象が起こる。また油を使わないので、早く乾燥しすぎたり、揮発成分がなくなることがある。そのかわり手間をかけずに生産できるから、安価である。これを機械そうめんという。

ひやむぎは室町時代末期に登場し、当初、切り麦とよばれた。切り麦を冷やしたものを「冷や麦」といった。この名前から、最初は生地を切っていたと推察される。

そうめんは奈良時代からあるので、そうめん製造者の中にはそうめんと同じ方法でひやむぎ製造を試みた者もいたと想像される。だからひやむぎには、断面が四角形と円形の両者がかなり前からあったと思う。現在ではそうめんにも四角形と円形があるはずだ。結局、現在のそうめんとひやむぎの違いは太さだけということになる。また、原料の小麦粉を食塩水で練ることは、うどん、ひやむぎ、そうめんとも同じである。

さて、めん類を食べるときの音の表現は「つるつる」ということになっているが、実際はもっと猛烈（？）な音を立てているように思える。

以前、オーストラリアの女性がわが家にホームステイした。箸の使い方はとても上手だった。めん類が大好きだというので、うどん屋へ連れていった。西欧の食事では音を立てることは御法度。はたしてつるつると吸込むかどうか。すると彼女は箸の先にめん類を巧みに巻きつけてぱくりと口の中に入れた。なーるほど。スパゲッティー方式だ。そしてわれわれのつるつる方式を不思議そうに見ていた。

（一九九九年八月）

豆腐

とうふは豆が腐ったものと書く。あまりいい感じの名前ではない。豆腐屋の中には豆腐という文字を嫌い、豆富という字を使っているところがある。かつては豆腐を、以下に述べるように器に詰めることから納豆といった。また現在の納豆を、豆が腐ったものであるから豆腐といった。これがいつの間にか逆になってしまった。

豆腐は重要なタンパク質源として高く評価されており、欧米でも健康食品としての"tofu"の人気は高い。さらに値段が安いことも人気の理由となっている。

豆腐の原料は大豆であるが、大豆以外の豆を原料にすることもある。国内ではあまりみかけない。

豆腐は日本本来のものと思いきや、さにあらず。中国から伝わったものである。たしかに、中華料理にはたとえば、マーボ豆腐のように豆腐を用いたものがある。豆腐は前漢あるいは唐の時代につくられたとされる。日本には奈良時代に伝わり、室町時代に庶民に普及した。

豆腐の作り方は以下のとおりである。

大豆を水に浸して、柔らかくなったらすりつぶす。そして加熱したのち、沪過する。沪液は白く濁っている。これが豆乳だ。また沈澱はおからである。

豆乳は糖分などを入れて、植物性ミルクとして飲むこともある。私も実際飲んだことがある。見かけは普通の牛乳とそっくりであるが、味が少し異なる。

豆乳はタンパク質を含むコロイド溶液である。タンパク質を含む部分を分散質、または分散相という。分散質の表面には弱い電荷が分布している。したがって互いに反発しあって、沈殿することはない。しかし、電荷を中和するようなイオン化合物を添加すると、そのイオンにより、表面の電荷が中和されて、沈殿してくる（塩析）。豆腐の場合、マグネシウムイオンを使う。これが苦汁《にがり》である。最近は苦汁のみならず、種々のカルシウム塩も使う。

沈殿後、穴のあいた器の中に木綿布を敷いて流し込み、上から圧力をかける。この結果できあがったものが木綿ごし豆腐（単に木綿ごし、または木綿豆腐ともいう）である。

絹ごし豆腐の場合は、穴のあいていない器の中にあらかじめ苦汁などを入れておき、そこへ豆乳を流し込み、タンパク質が沈殿するのを待つ。絹で沪過するわけではない。だから、絹ごし豆腐は木綿ごし豆腐よりも水分を多く含んでいるため、柔らかく、箸でつかむ

のが難しい。ついでながら、わが金沢では、最近まで豆腐といえば絹ごし豆腐のことだった。木綿ごし豆腐は沪過して固める際に水溶性のビタミンなどが流出しやすいが、絹ごし豆腐は固まるまでそのまま放置するのでビタミンの流出はない。

高野豆腐は硬めの豆腐を小さく切って凍らせ、一カ月ほど保存して、タンパク質を変性させたものである。これは高野山の僧が考案したとされ、日本独特のものである。

牛乳と同様に豆腐を発酵させることができる。これは中国の製品で、豆腐乳《トウフルー》という。日本では乳《にゅう》腐《ふ》、欧米では中国チーズあるいは大豆チーズという。硬めの豆腐をわらで包み、一週間ほど放置する。すると、わらのかびが作用して発酵、熟成が起こる。熟成の段階で、タンパク質がアミノ酸に分解する。

さて、とんまな人間に対して、豆腐の角に頭をぶつけて死んじまえ、ということがある。豆腐の角で人間そう簡単には死ねないだろう。あえてそれをしなければならないとは、よほどのドジをしたことになる。

と思ったら、角にぶつかって死ぬような非常に硬い豆腐があるのだそうだ。山形県西川の六浄豆腐だ。普通の豆腐に粗塩をすりこみ乾燥させたものである（竹内均『食卓知識のウソ』同文書院（一九九二））。これはかつお節のように削ってみそ汁などに入れて食べる。

（一九九九年五月）

酸性食品とアルカリ性食品

肉や魚ばかり食べていると血液が酸性になるから、野菜などを補って血液をアルカリ性にしましょう……などということをよく耳にする。このために酸性が目のかたきにされ、アルカリ性が健康によいような錯覚をもつ。血液その他の体液のpHは約七・五で、確かにアルカリ性には違いない。しかし、体液は緩衝作用が強くちょっとやそっとではpHは動かない。pH七・三以下あるいは七・七以上になったら、きわめて体調が悪く、さらに大きく変動したら、もはや生きていけない。酸性食品を食べすぎたからといって、このpHが下がることはまず考えられない。pHを変えるほど飲み食いしても、過剰の分は汗や尿として出てしまう。

さて、酸性食品とは、肉、魚、のりなど、また、アルカリ性食品とは、野菜、果物などである。ねぎは酸性だが、玉ねぎはアルカリ性だそうだ。さらに、コーヒーはアルカリ性、紅茶は酸性、梅干しはあんなに酸っぱいのにアルカリ性……。何が何だかわからない。

この決め方は、食物を完全燃焼させて残った灰を水に溶かして、そのpHを測定するという方法によっている。しかし、この方法は、人体内で起こっている化学反応とは条件が異なるので、決定的とはいえない。空気中では容易に燃焼しても、体内では分解されずに悪さの限りを尽くしてやっと排泄《せつ》される有機化合物も数多くある。要するに、食品の酸性、アルカリ性の分類は無意味なのである。酸性かアルカリ性かを考えすぎると、ストレスのために胃が悪くなる。むしろこちらの方が問題である。

いわゆるアルカリ性といわれる野菜、果物を分析すると、カリウムが大量に含まれている。カリウムは植物の重要な栄養素であるから当然である。ところが、動物にとっては、カリウムの過剰摂取はあまりよくないので、これを放出しなければならない。過剰のカリウムはナトリウムによって追い出されるから、草を食用とする牛や馬は食塩を好む。また人間は、すいかやトマトを食べるときに少量の食塩をつける。確かにうまくなる。こういうのを隠し味という。文字どおりうまい言葉を与えたものだ。

それに対し、酸性食品にはリン、硫黄が含まれている。

お酒を飲むと すぐに青くなっちゃう パパ
まったく、もう リトマス紙夫婦なんだから!
すぐに赤くなるけど 飲み続けるママ
NOBU

お菓子やまんじゅうも酸性である。私の娘は年ごろになり、ダイエットに関心をもち始めた。何かというと太るから駄目、という。そのくせ家内が、これからようかんを食べようかというと、一番先に賛成するのがこの娘。甘いものはだれでも大好き。だからサンセイ食品というのだろうか。

さて、先程、酸性が目のかたきにされると書いたが、目のかたきは酸ではなく、アルカリである。

医学部進学課程の学生でさえそれを知らないが、まだ医者ではないからそれは仕方がない。目の角膜は酸には強いが、アルカリには非常に弱い。だから石けん程度の弱いアルカリでも猛烈に反応する。この時はただちに大量の水で洗う。水には空気中の二酸化炭素が溶けていてわずかに酸性を示すので都合がよい。もっと強いアルカリが入ったら、角膜が瞬時に溶けてしまう。こういう目を駄**目**という。

酒類もまた酸性であるが、ワインだけはアルカリ性だそうだ。健康のために両方バランスよく十分とりましょう、といったら、家内の目がキラリ。こういうのをオッ**カナイ**という。

（一九八九年七月）

自然食品

私たちが日常食べる食品には、たいてい添加物が入っている。保存料、着色料、安定剤、ワックス、調味料、甘味料、……。これらのほとんどが人工的に合成されたもので天然物はわずかである。これらの使用については厚生省の規制がある。ところが、この規制が外国と一致しない場合があり、貿易摩擦の原因になるというから、なかなか厄介だ。

数え切れないほどの添加物に不安をもった人々が自然食品を好むようになった。ところがここにも問題が出てきた。いつごろだったか忘れたが、自然食品に回虫が発生したという新聞記事を読んだ記憶がある。なるほど、ありうることだ。

しかし、その報道は私の知る限り一回だけだった。現在、自然食品とうたっているものが多く出回っているにもかかわらず、こういう問題がほとんど聞かれないのは不思議である。いったいどうなっているのかと思ったら、自然食品とは、加工段階で何も加えないというだけで、原料がどのようにしてつくられたかは考えないということだそうだ（渡辺雄二『食品汚染』（株）技術と人間（一九八七））。実際、全く天然の状態で得られた種子を使っていっさい化学肥料や農薬なしに育てた作物の収率は悪く、製品の価格は通常の数倍にもなり事実上商売が成り立たないという。だから、若干の人工的処理には目をつぶらざるをえない。確かに江戸時代以前、日本人は間違いなく自然食品に囲まれた生活をしていた。そのころの人間の平均寿命はわずか四十歳足らずだった。この理由の一つは、保存料、化学肥料がなく、人々は常に食料不足、腐敗、寄生虫に悩まされていたことにあるのは、いうまでもない。

ところで、フグの内蔵は猛毒であるが、紛れもなく自然食品である。現在フグ毒テトロドトキシンの毒消しの研究が行われているようであるが、もし完成したら、当然フグ料理に添加されるだろう。そうしたらそのフグ料理は自然食品でなくなる。しかし、安全度はぐっと高くなる。これをフグ料理の通に言ったら、危ないと思いながら内蔵を食べ、そのしびれるようなスリルを味わうのがフグ料理で、毒消しが入っていては話にならないとのこと。なるほどねー。

こんな例もある。麦を主食とする地方で壊死《えし》性、痙攣《けいれん》性の奇病がしばしば流行した。この原因が麦の穂につく麦角《ばっかく》（かびの一種）が原因であることがわかるのに長い時間が必要であった。麦角はエルゴタミン、エルゴメトリンなどのアルカロイドをもち、これらは

血管や筋肉の著しい収縮を起こし組織の壊死を招く。ごく微量（一週間十ミリグラム以下）は血管性頭痛（片頭痛、二日酔いの頭痛）の特効薬である（「頭痛」一二九ページ参照）。また、子宮の筋肉を収縮させるので人工流産、人工出産にも使われる。この薬のおかげで、生まれる前に誕生日をあらかじめ決めることができるようになった。

このようなアルカロイドがたっぷりついている麦を知らずにムシャムシャ食べたら大変なことになる。しかしこれとて間違いなく天然の物質である。最近はこの被害がほとんどなくなったが、これは人工の農薬により、麦角が発生しなくなったからである。

誤解を避けるためにいっておくが、私は食品添加物や農薬の使用を推奨するつもりはない。使わずにすむならそれが一番よいことである。より安全な薬品を使ってより高い収穫量、食べやすい作物を求めることは、化学者、農学者の目標であり、務めであろう。また消費者は、人工だから危険、天然だから安全というような安易な判定を避けるべきであると思う。

（一九九〇年九月）

第5章　なさけは人のためになる——酒

酒は人類の歴史の始まるころから知られていた。
それにしても昔の人は偉い。
酒が多幸感を生み出すことを知っていた。
酒はストレスの解消になり、
幸福感を味わうことができる。
まさに、さけは人のためになる。

酒

酒は百薬の長として古くから重要なものであった。漢方のもとになっている傷寒論では、あらゆる病気の治療薬の一つとして必ず酒が出てくる。しかしいずれも「飲みすぎないこと」という注意書きがある。

「医」の旧字「醫」の下の「酉」は酒を意味する。よく似た字に「毉」がある。下の「巫」はミコであり、こちらの医術は祈祷《とう》によって治すものである。

酒に関する法律は多いが、日本の未成年者飲酒禁止法は飲酒に年齢制限を設けているという点で珍しい法律だそうだ。

歴史的な悪法ともいわれるものは、アメリカの禁酒法で、一九二〇年から一九三三年まで実施された。これは酒の製造、運搬、売買を禁止するものであった。ところがおもしろいことに、酔うことを禁止した条文がなかったので、酔っぱらいを発見しても逮捕できないという盲点があった。

禁酒法には酒を用いることが許される例外規定があった。一つは病院で医療用として用いる場合である。アルコールが消毒薬となることは昔からよく知られていた。またこのころ、すでに麻酔技術があったはずだが、患者に酒を飲ませて眠らせて手術をするという野蛮なこともあったようである。

もう一つ、クリスチャンの聖体拝領の儀式には赤ワインが使われるが、さすがにクリスチャンの多い国、これを禁止することはできなかった。そこでこのころにはクリスチャンになる人が急増したという。私はクリスチャンではないが、この儀式に居合わせたことがある。人々の飲むワインの量はごくわずかで、三三九度の酒程度だった。だからこのワインを求めてクリスチャンの数が急増したとは考えにくい。むしろワインを買う偽牧師が多く現れたということであろう。

庶民はもう一つ酒を得る方法を知っていた。それは市販のぶどうのジュースであった。そこには発酵させると法律違反になることが明記されていた。ということは容易に発酵させることができたのである。

酒といえば必ず酒税が絡んでくる。日本の酒税は高いということで悪名も高い。われわれが実験室で用いるエタノールにもかなりの酒税が含まれている。しかし研究用として申請すれば免税される。私はこの申請をしたことがない。えらく面倒くさいからである。要するに研究に大量のエタノールが必要で、その理由をわかりやすく記述すればよい。しかし、申請者の中には何度も書類の書き直しを命ぜられた人もいるよう

だ。そして必ず事後報告をしなければならない。

税金のかからない、面倒くさくないエタノールがある。読者諸氏よくご存じの変性アルコールだ。飲めないように少量のメタノールなどが添加されている。しかし、戦時中はこれを飲用に使ったという話を先輩から聞いた。それによれば、太平洋戦争の末期には酒が不足していた。召集令状がくると、その出陣をみんなで祝うのだが、その際に使う酒が手に入らない。先輩はもちろん化学の先生。何とかならないかと相談がもち込まれた。試薬として手に入るエタノールはわずかで、とても宴会のできる量は確保できない。そこで比較的手に入りやすい変性アルコール（当時は赤く染められていた）を分留することにした。しかし、これでやっと得られたエタノールを水に薄めただけでは酒にならない（私も変性アルコールではなく、正真正銘のエタノールの水溶液をこっそり飲んでみたが、確かに味気ないと思った）。何とか酒の味を出そうとしていろいろ工夫を凝らした。琥珀《こはく》色のウイスキーという言葉があるが、それにならって琥珀酸を入れたら、味がぴりぴりしてだめだった。いろいろなものを添加して試した結果、一番よかったのが馬尿酸だった。それなら尿素や尿酸ならもっとよくなるかも、と思ったが、イメージが悪すぎて結局試みず。それにしても、当時は酒を飲むのも命がけだったようだ。

（一九九八年一月）

大瓶はなぜ六三三ミリリットル？

ビールの歴史は古く、狩猟時代か、農耕時代には存在していたとされる。その前に人類は小麦粉を用いてパンを作っていた。焼きあがったパンにたまたま水が接触し発酵したのが、ビールの始りといわれる。

ビールはメソポタミア文明が生み出した。そして古代エジプト、アッシリアを経て、ギリシャ・ローマに伝わった。ギリシャ・ローマではワインが主流で、ビールは普及しなかった。そして北欧にいたゲルマン人に伝わった。

ホップをいつごろから使い出したかははっきりしない。紀元前ともいわれるが、確実なことは八世紀にはゲルマン人が使っていたことである。

日本にはオランダを通じて輸入された。「ビール」はオランダ語である。江戸中期にその記録があるそうだ。広く普及するのは明治維新後で、日露戦争後に需要が伸びた。しかし、たくさんの製造会社が乱立し、過剰生産気味となり、各社が自主規制をし、会社を統合した。

一九四三（昭和十八）年、再度の整理統合が行われ、大日本麦酒《ビール》と麒麟《きりん》麦酒の二社になった。また、それまで税のかけ方が、発酵釜の大きさに対していくらとしていたのを、出荷量に対していくらとするようになった。そのために瓶の容積を各社とも一定にする必要が出てきた。それまでは瓶

の容積が、同じ会社でも工場ごとに異なっているという状態だった。そこで、それまで出回っていた瓶の容積のうち、最も小さいものを標準とした。それが六三三ミリリットル（三・五一合）である。ついでながら小瓶の容積は三三四ミリリットルで、同様の状況をたどったものと推察される。中瓶は一九五七（昭和三十二）年に現れ、これはすっきりと五〇〇ミリリットルとなっている。

　最近のビールの生産は横ばいで、焼酎や発泡酒に押され気味である。その原因は、ビール業界の過当競争と、若者がたやすく酔いを求めるためといわれている。

　ビールの作り方は以下のとおりである。

　大麦を水に浸して数日すると芽が出てくる。この芽を乾燥させたものが麦芽である。黒ビールの場合は乾燥時に麦芽を焦がしたものを用いる。麦芽を粉砕して温水を加え、米、トウモロコシとともに煮る。すると麦芽の糖化が起こる。これを沪過する。沪液を麦汁という。麦汁にホップを加えて煮沸する。さらに沪過、冷却後、酵母を加え十日間ほどかけて発酵させる。これを一次発酵という。次にこれを二酸化炭素の分圧を〇・五気圧、二℃以下で二カ月保存する。ここで二次発酵、熟成が起こる。このまま加熱殺菌せずに樽詰めにして出荷したものを生ビールという。また、長期間保存しさらに熟成を進めたものをラガービールという。ただし国内では加熱殺菌したものをラガービールということがある。

ビールの苦みはホップによる。ホップはクワ科、雌雄異株のつる草で、未受精の雌花を用いる。ところで、テレビや映画で使っているビールは本物だろうか。本物を使えば役者は皆酔っ払ってしまう。あるいはアルコールをまったく受けつけない体質の人にとっては、ビールといえども飲めない。そこはよくしたもので、アルコールを含まないビールというのがある。泡の出方はそっくりだが、酔わない。このようなビール（もどき）が登場するまでは本物を使っていたようだ。

ついでにウイスキーは紅茶、麦茶、あるいはウーロン茶を使う。日本酒はもちろん水。

食べるものには本物を使う場合が多いが、刺身は代用品を使うということを何かの本で読んだ。強い照明による熱で本物の刺身は腐ってしまう。そこで、ようかんを使う。ようかんなら腐らないから大丈夫だ。わさびとしょうゆは本物を使う。役者も大変だ。ようかんにわさびじょうゆをつけてうまそうに食べなければならない。

NGの回数が多くなった場合、役者は（水の）飲みすぎ、（ようかんの）食いすぎにならないのだろうか。

（一九九九年九月）

梅酒

梅酒が青梅と氷砂糖と焼酎から作られることはよく知られている。氷砂糖の代わりに普通の砂糖やシロップを用いたらどうだろうか、というと、答えはノーである。その理由は、糖分の濃度がゆっくりと上昇することによる浸透圧の変化を巧みに利用しているからである。昔の人の経験に基づく知恵である。

すなわち、ウメの皮は半透膜である。初めに、糖分のない状態で水とエタノールがこの皮を通って果肉に入っていく。その間に氷砂糖がゆっくり溶けて糖の濃度が次第に増加していく。ある程度以上の濃度になると、今度は果肉から水、エタノールが浸出する。このとき、ウメの成分がエタノールに溶けて一緒に浸出してくる。浸出がゆっくりであればあるほどよい梅酒になる。

普通の砂糖を用いた場合、溶解速度が速いので、最初から糖の濃度が高くなる。すると、水、エタノールが果肉に入る前に果肉の水分が出てしまう。梅酒となるべき重要なウメの成分はエタノールのお迎えがないと出てこないのである。

ところで、酒といえば、必ず酒税法が絡んでくる。酒税法によれば、発酵などによってエタノールを発生させるのみならず、エタノール、あるいは酒類を他のものと混ぜて新しい酒類を作ることも課税の対象となる。混ぜるたびに税金を払わなければならない仕組みだ。ただし、これにはいくつかの例外があり、たとえばウイスキーとブランデーは混ぜてもよい。酒税は重要な収入源であるだけに、当局は酒の密造に目を光らせており、無許可で酒類を製造することを事実上禁止している。梅酒は果実酒の仲間で厳密には酒税法違反であった。しかし、梅酒は昔から家庭で作られており、これぐらいはよいではないかというムードが高まって、ついに一九六二年にまず梅酒が、次いで一九七一年にその他の果実酒が家庭が作ってもよいということになった。もちろん作ったものを売ってはいけない。ただしぶどう酒だけは現在も禁止されており、焼酎やウイスキーにブドウ（干しブドウを含む）を入れただけでも取締まりの対象になるからご用心。

カクテルもやはり酒税法にひっかかる。ところが、ここにも便法があり、客に見える所で作ることはよいとなっている。つまり、混ぜた酒をすぐに飲む場合は課税の対象にならないのだ。ややこしい。だから、バーやパブでは必ず客の目の前でシェーカーを振っている。まさに

法律の抜け道を巧みに利用しているといえる。

それでは、家庭で作るウイスキーの水割、オンザロック、コークハイはどうだろうか。水を混ぜることは差し支えないので、水割、オンザロックは大丈夫。しかしコークハイは問題かも……？これも混ぜてすぐに飲むなら大丈夫。

話は飛ぶが、ある高校で長いスカートの着用を禁止した。すそと地面との距離が何センチメートル以上という規則をつくったところ、今度はミニスカートをはいた生徒が現れたので学校側はあ然としたそうだ。ミニなら確実に制限距離を満たしているから規則には触れないわけだ。酒税法には他にもいくつかの抜け道があるであろう。あるいはひょっとして無意識のうちに違反をしているかもしれない。

（一九九一年七月）

渋柿

渋は多くの植物に含まれているが、だれでもすぐに連想するのは渋柿であろう。それほど渋柿はわれわれの身近にある。柿の渋はシブオールとよばれ、その成分はタンニン系の混合物で、たとえば、フロログルシノール、没食子酸などである。柿をかむとシブオールを含む細胞が壊れて渋味を出す。このときの渋は水に可溶である。甘柿も未熟のときは渋いが、成熟の過程で、まずエタノールが発生し、これがアルデヒドとなってシブオールを固めて、水に不溶なコロイドとする。これが甘柿の中の無数の黒い点である。渋柿はエタノールを発生しないか、その発生が非常に遅いものである。

甘柿の種を埋めておくと、いとも簡単に発芽する。柿を食べた後、皮や芯などを堆肥として花壇に埋めるのはよい。しかし、種は絶対埋めないことだ。いったん芽を出すと、その根は深く容易には除去できない。花壇に柿の木では、あまりにもさえないだろう。せっかく出た芽だから育てようとしても、それが甘柿をつけるという保証はない。たいていは渋柿になってしまうので、小さいうちに甘柿の枝を接ぎ木しなければならない。

こんなわけで、渋柿の木は甘柿の木よりも圧倒的に多い。環境に対してたくましいのも渋柿の方だ。田園で、葉をすっかり落とした柿の木がまだいっぱい実をつけている風景をよく見かける。渋

柿であることがわかっているから、だれも手を出さない。しかし、これらが熟し切ってぶよぶよになると、渋味がとれて甘くなる。これをカラスがつっつく。柿とカラスは秋の見事な取合わせである。渋がとれるのは、シブオールが雨で洗い流されるためか、分解するためか、それとも、遅ればせながら水に不溶のコロイドになるためか、いろいろ考えられる。

柿を食べすぎると腹が冷えて下痢をする、とよくいわれる。この話にはいつも石田三成が引合いに出される。三成は、処刑される前夜の食事に柿が出たが、腹が冷えるからといって手をつけなかった。腹だけ体温が下がるはずはないので、腹が冷えるというのは根拠がない。下痢の原因は、水に不溶の渋が消化されず、フリーパスで腸を通過するためであり、セルロースを大量に食べたのと同じ現象であるから心配はない（もちろん、トイレに何度も行くのは煩わしいが）。話はそれるが、水あめの主成分の麦芽糖は、甘みは十分にあるが消化されにくい。だから、低カロリー食品として人気がある。これもまた、食べすぎると渋と同様に下痢の原因になる。ものには限度がある。どんなものでも食べすぎはいけない。

渋柿に焼酎を振りかけて数日おけば甘くなる。柿にエタノール発生の力がないから、人為的にエタノールを与えてやるのである。水や湯に漬けて渋味を溶かし出す方法もよく行われる。取出した渋は塗料や渋紙製造などに利用される。見事な生活の知恵だ。

渋柿の皮をむいて乾燥させたものが干し柿である。水分を奪って渋を不溶性のコロイドに変えてしまうものだが、おそらくここでもエタノールが関与している。干し柿の身をよく見ると、甘柿と同じように黒い点があることがわかる。表面の白い粉はグルコースなどの糖である。

このようなエタノールと渋との関係は、酒を飲みすぎたときに柿を食べるとよい、といわれることの根拠となっている。しかし、飲みすぎたと後悔するのは、たいていは酒宴がはねたあとである。エタノールはすべて血液中に入ってしまっている。ここで甘柿を食べて水に溶けない渋を胃に入れても、血液中のエタノールあるいはアルデヒドが処理されるかどうかは疑問である。* 飲みすぎを中和するなら、むしろ渋柿をたくさん食べるべきである。そうだ、よいことを思いついた。渋柿を酒の肴《さかな》にすればよい。焼酎をかけて渋を抜くぐらいなら、渋柿を食べながら焼酎を飲んだ方がよいではないか。いや、待てよ。それは馬鹿げている。せっかく飲んだエタノールを、血管に入る前に渋で処理されてたまるか。

（一九九六年十一月）

＊柿に含まれるグルコース、フルクトースなどが、エタノールやアルデヒドの代謝を早めるという説もある。

ここらでもう一服　駄洒落

ここで化学の話題をひと休みして、駄洒落《じゃれ》について記述しよう。

日本語は発音が単純なせいか、この特徴を生かした文化が発展した。落語や漫才しかり、和歌のかけことばしかり。高校時代、このかけことばには閉口した。要するに駄洒落であるが、試験に出るかもしれないとなるとちっともおもしろくない。

……みやこのたつみしかぞ住む世をうぢ山、と勝手なことをいって、後世の若者が苦しむことを喜撰法師は考えていたのかしら。

さて、英語には駄洒落があるのかと思ったら、やっぱりあった。シェークスピアの『ベニスの商人』の中で、靴の底でナイフを研いでいるシャイロックに主人公の友人が「そのナイフは靴の底ではなく、お前の冷たい心で研いでいるのだろう」と叫ぶくだりがある。日本語なら別にどうということはないのだが、英語では、

"Not on your sole but on your soul, you sharpen your knife!"

となっていたと思う。（学生時代のうろ覚えだから、違っているかもしれない。）

ルイス・キャロルの『不思議の国のアリス』は駄洒落だらけの物語である。この日本語訳に

は多くの人が携わったが、英語の駄洒落の訳には苦しめられたという。

駄洒落の一種にspoonerismというのがある。日本の駄洒落とはいくぶん雰囲気が異なり、「語音倒置」とか「音位転換」などといういかめしい和訳が当てられている。その訳語のとおり発音を入れ替えるものだ。たとえば、“well-oiled bicycle”（油のよく効いた自転車）と“well-boiled icicle”（よく煮たつらら）、あるいは、“half-warmed fish”（生煮えの魚）と“half-formed wish”（中途半端な希望）などは、よく辞書に引合いに出される。日本語では、「ちゃがま」と「ちゃまが」、あるいは、「黒山の人だかり」と「人山の黒だかり」がこれに当たるのかもしれない。

spoonerismは、イギリスのオックスフォード大学の学長であったスプーナー（W. A.

Spooner）先生にちなんでいる。この先生は上記のような語音倒置をいつもうっかりやってしくじったという。最大のしくじりは、さる女性と喫茶店へ行って、“Make tea.”というつもりが、うっかり“Take me.”と言ってしまった。そのためにその女性と結婚するはめになったとのこと。

もう一つ、metathesisという言葉があるが、spoonerismと似たような意味だ。

同じ駄洒落でも、“You are elegant.”というべきところを、つい舌がもつれて、“You are elephant.”と言ったばかりにひどい目にあったというのは、metathesisあるいはspoonerismとはいわないようだ。日本人ならやりかねないこの種のエラー、英語ではa poor jokeという。

（一九八九年八月）

第6章　年とれば昔話が好きになる——歴史

化学にも長い長い歴史がある。
そこには錬金術が必ず登場する。
錬金術はインチキ技術といわれているが、
本当にそうだろうか。
まずは読んでみてのお楽しみ。

四元素説

四元素説はギリシャ哲学に現れた元素観である。すなわち、万物は火、水、土、空気からできており、その混ざり具合であらゆるものが形成されるというもので、化学の歴史には必ず登場してくる考え方である。もちろん、現在では周期表に現れる元素は百種以上あり、古代ギリシャの思想が間違っていたことはいうまでもない。

実は、四元素説が唱えられる以前に、万物一元説があった。タレスは万物は水から成るとし、アナクシメネスは空気から、ヘラクレイトスは火から、また、ヘシオドスは土から成るとした。これらの折衷案が四元素説であり、エンペドクレスによって導入された。やがて、これはプラトンによって発展し、アリストテレスによって完成した。

タレスはギリシャ哲学の初期の人であることは、ギリシャの古文書からわかっている。彼は皆既日食を予言しているが、後世の天文学者がこれを計算して、紀元前五八五年五月二十八日にギリシャで実際に皆既日食があったことを導き出した。そこで、この時期がギリシャ哲学のスタートとされている。

元素は英語（あるいはラテン語）でelementとつづる。これはL、M、Nを続けて発音した音である。アルファベットの中央の文字が文字どおり根元であるとして、これが元素の意味になった。

古代インドの仏教にもよく似た思想があった。それによれば、万物は火、水、土、風から成る。これを四大説という。最近、数人で一般教育課程用の化学の教科書を完成させたのだが、この中で四大説を取扱った。原稿と校正の段階で、著者の間を回覧するたびに、四大説が四元説に直されて戻ってくる。だれが「犯人」だかわからない。これでは読者も勘違いすると判断。とうとう「しだいせつ」とルビを入れることにした。

さて、古代ギリシャの元素説はアリストテレスによって完成した、と先程書いたが、これは聞こえがいい。しかし、それ以上の発展がなかった、行き詰まった、と考えると、その評価は正反対になる。ものは言いようだ。悩んだり、腹を立てている人を無視することを、一方で、「そっとしておく」という表現があるかと思えば、もう一方で、「放っておく」という表現がある。対処の仕方は同じなのだが、まるで響きが違ってくる。言葉は難しい。

ところで、プラトンのスペリングは、国内の科学史などの本を見ると、ほとんど例外なくPlatonとなっている。しかし、英

語ではPlatoである。プレイトウと発音する。もともとのギリシャ語では語尾にn（ン）が入っていた。ギリシャ哲学はサラセン帝国に伝わり、そこで温存された。十字軍の遠征を契機に、ギリシャ哲学がヨーロッパに戻り、ラテン語化した。その際にnが落ちてしまったのだ。これがそのまま英語になった。しかし、フランス語ではPlatonである。ドイツ語ではnが入ってても入らなくてもよい。

アリストテレスの英語はAristotle、フランス語はAristoteだ。Aristotelesはドイツ語である。そのほかのギリシャの哲学者の名前も、日本で用いられている呼び方はおおむねドイツ語がもとになっているようである。英語では思いがけないスペリングや発音になっているので、注意が必要だ。

こんな講義をしたら、学生が言う。

「するとプラトニックもドイツ語ですね。英語ではplasticですか、それともplasmaですか?」

ああ……！　プラトニックは英語でもやっぱりplatonicである。ドイツ語、フランス語ではそれぞれplatonisch, platoniqueで、スペリングにおける言語の特徴を除けば同じだ。

（一九九六年六月）

煉丹術

金《きん》には不思議な魅力がある。投機目的や自己満足のほかに体にもよいという考え方があるからである。この考えは煉《れん》丹術（中国の錬金術）思想の名残である。

紀元前六～四世紀ごろの中国は諸子百家の時代といわれ、儒家、墨家など、相次いで多くの思想が現れた。この中で、健康、医術、物質観についての思想が**道家**である。

道家は民間の生活や自然宗教がもとになっている。これによれば、世界は初め陰の要素の大地と陽の要素の空から成り、この一対が組合わさって万事が生成した。したがって、健康体、あるいは不老長寿を得るには陽と陰のバランスを本来の自然の状態に戻さなければならない。そのために思想家は隠者となって山野に住んだ。これが仙人である。さらに、男子は日光浴により陽を吸収し、女子は月光浴により陰を吸収するものとし、男と女が交じり合うことによって、陰、陽を含む理想的なものが生み出されると考えた。

病気の治療には、呪《じゅ》術、食事療法のほか、薬剤学も導入された。この薬剤学が煉丹術で、丹とは不老長寿の薬を意味した。これによれば、陽の代表は金、陰の代表は水銀であるが、硫黄は金によく似た色をしているので、金と同様に陽の代表とされた。水銀と硫黄とは容易に反応し、生成する丹砂（辰砂、硫化水銀）は陰陽を理想的に含む不老長寿の薬として貴ばれた。丹砂は加熱によりやはり簡単にもとの水銀に戻り、このとき、金（実は硫黄の単体）が発生することから、人々に物質転化の夢を与えた。

医療、物質観に関するもう一つの思想が五行説で、万物のもとは、木、火、土、金、水の五行である。これと道家とが結びついて**陰陽五行説**が生まれた。すなわち、五行はそれぞれ陰陽の二要素をもち、甲（木の兄《きのえ》）、乙（木の弟《きのと》）……などの十干をなし、これらが万物を構成する。

陰陽五行説は暦や易のもとになったほか、日本も含めた東洋人の生活、習慣に深く入り込み、物質観を長く支配した。干支による運命判断、および大安、友引、仏滅、鬼門などの迷信はこの思想によっている。ただし、三隣亡は前記の思想が日本に入ってきてから生まれたものである。

金持ちは不老長寿を求めて丹砂を服用した。その結果はいうまでもなく、多くの人々が水銀中毒で苦しんだ。特に、煉丹術が最も盛んであった唐では、歴代皇帝の三分の一以上が不老長寿の薬の

使いすぎで死亡したという。彼らが本当の金を服用していれば、こんなこともなかっただろう。金そのものは体内に入っても全く化学変化しないので毒にも薬にもならないが、金の化合物は爆発したり毒性を示すなど物騒なものばかりだ。幸いにも災害を起こすほどの金化合物を入手することは困難だが。

ところで、西洋の錬金術師もまた硫化水銀に強い関心を示したが、彼らの本来の夢は不老長寿というよりは卑金属を金に変えることにあった。この処理に必要な薬剤をいつのころからか不老長寿の薬と考えるようになり、彼らはアルコールがこれに相当するとした。その結果、十四〜十五世紀のヨーロッパにはアルコール中毒者があふれ、社会問題になった。アルコールの大量服用が体に悪いことは現在ではよく知られている。

人間は古今東西本能的に不老長寿を求める。その要求は年をとればとるほど強くなる。アルコールといい金といい、人間の本能をくすぐって不幸に導く、いわば**魔**薬だ。こんな縁起でもない話題は化学よりもやま話にふさわしくない。気分がめいってくる。イッパイヤッカ。……何だこれは？

金箔入りの酒だ！

（一九九〇年三月）

中世の錬金術と医学

錬金術はヘレニズム文化の下で始まった模造品技術であるが、その歴史はナイル文明にさかのぼる。錬金術はサラセンに受け継がれ、十字軍の遠征によってヨーロッパに伝わった。そして錬金術は各種の分野に浸透していったが、ここでは医学とのかかわりに触れることにしよう。

ヨーロッパの医学はサラセンの医学と結びついて大きく変わったが、医学界の習慣はヨーロッパ古来のものがそのまま引き継がれた。その習慣とは、ギリシャ時代以来続いていたホワイトカラーと奴隷の関係である。医師は実験、解剖をせず、ラテン語で講義のみを行っていた。薬の調剤や解剖はそれぞれ錬金術師、理髪師の仕事であった。彼らはラテン語を理解しないまま、医師に文字どおり奴隷のように使われた。ここで理髪師とは外科師ともいい、解剖を専門とする職人であった。現在はこれが二つに分かれ、外科医と理容師になっている。理容店の赤と青と白の看板はそれぞれ動脈、静脈、包帯を意味する。

このような体制に変革を起こそうとしたのがパラケルスス(一四九三〜一五四一年)であった。彼は、人体は一つの化学系であって、錬金術の目的は薬をつくって病気を治すことであるとした。彼は、理髪師、錬金術師を医師と同じ講義室に入れて全く平等にドイツ語で医学講義をした。しかしこの大胆なやり方に彼の学校の他の先生はついていけなかった。パラケルススは学校を追われた。

彼は放浪しながら医療活動をした。特に、鉱山における鉱毒症（重金属中毒）の研究は高く評価されている。彼は重金属の毒性を逆手にとってこれを病気の治療に用いた。

彼の著書に心酔した人々の物質観と医療技術は医化学（iatrochemistry）とよばれ、医学、化学の基になった。しかし彼らの化学思想は、万物は硫黄と水銀と塩《えん》の三元素から成るというもので、従来の錬金術の域を出なかった。この思想は変更を重ね、最後にはフロギストン説となり、十八世紀の終わり頃ラボアジエによる近代化学のスタートまで続いた。

パラケルススは優れた医師、錬金術師であるといわれる一方、放浪癖があり、大酒飲みで気性が激しく、人々が相手にしなかった。彼の死因は敵による殺害という考え方が有力である。

パラケルススより少し後、日本にも放浪癖、大酒飲み、その他の点で彼によく似た医師がいた。それは永《なが》田《た》徳本《とくほん》（一五一〇？～一六三〇？年）で、初めは武田信玄の侍医をしていた。放浪中に徳川秀忠（二代将軍）（三代将軍家光との説もある）の病気を一

般人と同額の安い料金で治したという。放浪の終着は諏訪（現・岡谷市）で、ここで百十八歳の生涯を閉じた。彼の治療法はオランダ医術による思いきったものであったそうだが、パラケルススの医術を利用したのだろうか。彼の名前は現在ある製薬会社の商品名として使われている。

千七百年もの長きにわたって続いた錬金術は、インチキ術としてのイメージが強く、化学史の暗黒時代という判断もあるが、一概にそう決めつけるのはいかがなものであろうか。金《かね》をつくることにのみ生き甲斐を感じる錬金術師はいつの世にもいる。この前も昭和天皇の在位記念の金貨が大量に偽造された。これこそ現代の錬金術師の仕業である。悪い奴ほどよく目立つといわれるが、一部の不逞《てい》の輩《やから》のために錬金術師すべてを詐欺師扱いするのは当を得ない。確かに錬金術の前提となっていた根拠が間違っていたために、回り道をしたことは否定できないが、十九世紀の化学の急速な発展は、十八世紀までの真面目な錬金術師による多くの実験成果が基礎になっていることはいうまでもない。

ところで、学生に、ボイルとラボアジエとではどちらが時代が古いかと聞いたら、大部分がラボアジエと答えた。ボイルの法則は高校の化学で頻繁に登場するから、ボイルを近代化学のスタート以降の人と思っているようだ。ボイルは紛れもなく十七世紀のイギリスの錬金術師である。ついでながら、古典力学の基礎を築いたニュートンもまたボイルと同時代のイギリスの錬金術師である。

いささか硬い話となったが、ニュートンのリンゴが落ちたところでこの話にも落ちをつけることにしよう。

（一九九〇年七月　改編）

ラボアジエ

フランスの科学者ラボアジエ（一七四三〜一七九四年）は、質量保存の法則の提唱、酸素の発見、フロギストン説（フロギストンという元素によって燃焼や酸化を説明した理論）の否定など、多くの業績を残した。そして、これが近代化学をよび起こし、近代化学の父とよばれている。しかし、彼の本性は、父とよばれるほど立派ではなかった。

彼は、ルイ十六世の時代に、徴税請負人をやっていた。これは、あらかじめ相当額を政府に納めれば得られる権利で、集めた税の六〜十％は請負人の利益となった。だから、彼の徴税は峻烈《しゅん》を極めた。

彼はさらに、火薬監督官のポストにも就き、度量衡委員会の委員にもなり、政府に近い高い地位にいた。彼は徴税請負人の権限を利用して、兵士に支給するタバコの納入を一手に引き受けていたが、そのとき、わからないようにタバコの葉を湿らせて、その重さを増やしていた。タバコの葉＋水＝目方が増える＝もうかる。彼の頭にはすでに、質量保存の法則が芽吹いていたのかも？

酸素については、これを命名したのはラボアジエであるが、実際の発見者はイギリスのプリーストリである。プリーストリは、この気体について、フロギストン説に基づいて考察していた。これを知ったラボアジエはさっそく追試をして、反フロギストン説の立場から自分の名前で発表してし

まった。プリーストリが怒ったことはいうまでもない。

彼は政府の造兵廠《しょう》（火薬・兵器などの軍需品の研究・製造所）の中に居を構えていた。そこには薬品や実験器具が豊富にあった。彼は社交的で、彼の家は錬金術師のたまり場となった。まさに、彼は悪知恵の働くタヌキ親父であった。

フランス革命のさなか、一七九四年に彼は革命政府に逮捕された。自首したとも伝えられる。彼のことだ。いかに革命だからといっても、自分のような優秀な人間は処刑されるはずはないと、高をくくっていたのだろう。現に周辺の国々からは、彼はまれにみる優秀な化学者であるから処刑しないように、という嘆願書が出ている。しかし事態は悪い方へ向かった。彼も、こんなはずではなかったと慌てて助命願いを出したが、聞き入れられなかった。彼は革命政府に協力してメートル法を確立したが、情状酌量はなかった。そしてギロチン台に送られた。革命政府は「革命に学問は不要」といったと伝えられるが、この言葉は後からできたフィクションだという説もある。

学生にこの話をした日、出席調査を兼ねて感想文を書かせたところ、高校では立派な化学者と習ったのに意外だった、という記述がたくさんあった。

彼はがりがり亡者の守銭奴で、処刑されるのは当然という酷評もある。しかし、やはり彼は優秀な化学者であった。タバコの量をごまかしてあぶく銭を稼いだなどということは知らなくてもよい。少なくとも、入学試験には絶対に出ない。

彼の著書には見事な図がたくさん描かれていて、高校や大学の教科書にもそれらの一部がしばしば転載されている。これらの図は、彼の妻が描いたものである。彼女は著名な画家であったダビッドの指導を受けていた。ダビッドが描いたラボアジエ夫妻の絵は有名で、彼の肖像はこの絵からとられることが多い。

未亡人となった夫人は、その美貌でフランスの社交界をにぎわせた。後家に花が咲くというのは、まさにこのことだ。そして、アメリカ生まれの政治家で技術者のランフォード伯（トンプソン）と再婚するが、性格の不一致でまもなく離婚した。ランフォード伯は、熱について、熱素という元素の一つとするラボアジエの説を否定し、物体のとりうる状態とした人である。夫人が前夫の説を否定する人物と再婚し、離婚したのも何かの因果か。

なお、ラボアジエは努力家で思いやりのある立派な学者であり、助命願いを出したのも彼の友人たちであったという説もある。またタバコを湿らせる点については、徴税請負人の間で、どれほど水を加えるかということがルールとして定まっていたともいわれている。

（一九九七年一月）

肥料

庭や畑を耕すとき、しばしば、消石灰（$Ca(OH)_2$）の粉末を散布する。この目的は土壌をアルカリ性にすることである。植物の多くはアルカリ性土壌を好む。酸性土壌でよく育つ植物は、ネギ、ツツジ、スギナなど、ごく少数である。

次に肥料を施す。植物の三大栄養素が窒素、リン、カリウムであることを発見したのはラボアジエである。最近はこれらをバランスよく含んだ化学肥料が工業的に生産されているが、硫安（$(NH_4)_2SO_4$）、硝安（NH_4NO_3）のようなオーソドックスな化学肥料も根強い人気を保っている。

しかしここに問題が出てくる。硫安と消石灰からはそれぞれアンモニウムイオン（NH_4^+）、水酸化物イオン（OH^-）が消費され、その後に硫酸カルシウム（$CaSO_4$）が残る。これは水に溶けないのでそのまま居座り、土壌の荒廃を招く。メソポタミア文明が栄えたイラン、イラク周辺の砂漠の土壌には硫酸イオン（SO_4^{2-}）が大量に含まれている。メソポタミア時代はおそらく豊かな緑の高原だったと想像される。農耕技術が未発達のために、無制限に化学肥料を使って土地が荒廃してしまったのだろうか。化学肥料がそのころにあったとすれば、ずいぶん高度の農耕技術があったことになるが、もしそうであれば、土壌の荒廃も妨げたのではないだろうか。砂漠化の原因はほかにもいろいろあり、化学肥料の使用のみに結びつけるには無理があるが、全く無関係ということもなかろう。

話がそれるが、この砂漠地帯の数メートル下には約一メートルの厚さの粘土層がある。粘土層の上下から発掘された考古学的遺産を比べると大きな違いがある。これは、過去に大洪水があって被災地域の文明がいったん滅びて新しい文明が起こった（あるいは流入した）ことを示す。粘土層はその洪水によってできたものと推定されている。実は、この大洪水を伝えるものが、旧約聖書のノアの方（箱）舟の話である。

話を肥料に戻して、一見除草剤で実は肥料という、相反する作用を同時にもつ変な物質がある。それはシアン酸ナトリウム（NaOCN）、シアン酸カリウム（KOCN）で、化学ではありふれた薬品だ。この水溶液を散布すると一昼夜のうちに雑草が枯れる。市販されている普通の除草剤が効いてくるのに一～二週間かかるのに対して、シアン酸イオン（OCN^-）の効き目は早い。しかし、草を枯らせた薬品は今度は肥料の作用をし、再び雑草が前よりも勢いを増して生い茂る。都合がよいのか悪いのか、今一つはっきりしない農薬だ。

化学肥料のなかったころは、農家では人間や動物の排泄《せつ》物を空気中に放置して腐らせ、肥料として使用した。これを下肥《しもごえ》とよんだが、田舎の香水というふざけたよび名もあった。これが寄生虫や伝染病の原因になったことはいうまでもない。腐らせるための器（多くは磁製のかめ）は畑に埋め込まれ、雨水が入らないように木の板やむしろで覆われていた。これをこえだめとよんだ。当時は外灯がないので、夜中にこえだめに落ちるという事故がしばしば起こった。被害者は照れ隠しに、キツネに化かされて風呂と思って入ったのがこえだめだった、などといっていた。当時、タヌキやキツネは畑や林のあるところならどこにでもいた。人間は自分の失敗を身近な野生動物のせいにしたのである。タヌキやキツネこそいい迷惑だ。

こえだめは私の子供のころにはどこにでもあったが、現在は全く見かけない。そして、キツネに化かされる人もいなくなった。この理由は、農業界の衛生管理の徹底もあるが、水洗便所や浄化槽の普及で、いわゆるくみ取り便所がなくなり、下肥の入手が困難になったことにもよる。

このくみ取り便所だが、かつては悪臭などを避けるためであろうか、住居とは別棟になっているのが普通だった。落語に出てくる（おそらく江戸時代の）長屋——例の、八つぁん、熊さん、横町のご隠居さんが登場する——でも、トイレは戸外にあって、たな子の共同利用だった。ここにたまった排泄物を大家さんは農家に売っていた。その収入は馬鹿にならず、そのために八つぁんらが家賃を何カ月も滞納しても、大家さんはそれほど強く請求しなかった。ただでもいいからたな子がいてくれた方が大家さんにとっては好都合だったのである。

（一九九四年八月）

第7章　これぞ本当の昔話

私にも過去がある。
その過去とはいったい何だろう。
ここは私の昔話。
前章よりもぐっと新しい話であるが、
私にとっては古い話。

くさい話

化学では、においが薬品や反応物の確認にとって重要であることは、読者諸氏はよくご存じである。しかし、味が確認に用いられることは、普通はない。薬学方面では味も確認の一手段となっていると聞いた。

スカンクは悪臭の代名詞みたいなものである。くさいものの極めつけといえば、必ずスカンクが出てくる。スカトールという物質名は、この動物からきたと考えられる。スカトールは、その類似化合物インドールとともに、悪臭のもとであるが、希薄にすれば芳香となるので、香水の香料として使われている。人間の鼻は敏感そうに思われるが、意外と鈍感であることを示す一例だ。ついでながら、純粋なインドール、スカトールはわずかに芳香を放つ無色の固体である。

スカンクの発するにおいは、大腸のガスそのもののにおいではなく、肛門の近くにある臭腺にためられた黄色い液体のものである。スカンクは敵に追いつめられて、いよいよこれまでと思ったら、ひょいと尻を持ち上げて敵の目を目がけて発砲する。敵はそのにおいに度肝を抜かれ、

さらに目に入るとしばらくの間目が見えなくなり、たちまちのうちに戦意をなくす。人間でも百メートル以内でこのにおいをかぐと、頭が痛くて一週間は起き上がれないそうだ。いったんこの洗礼を受けた動物は、二度とスカンクを襲わない。スカンクの背中の黒と白のしま模様はよく目立つが、これは敵を遠ざけるためといわれている。

　ところで、この黄色い液体の成分はチオールとチオアセタートが各三種類ずつ、アルカロイドが一種類である（『現代化学』一九九〇年十一月号　七二ページ）。よく調べたものだ。この研究に携わった化学者は、さぞかしくさい思いをしたことだろう。

　私はスカンクのにおいは知らないが、経験した最もくさいものを紹介しよう。それは下記の反応による生成物である。

　この反応は加熱により簡単に進む。生成するカルビルアミン（R–NC　イソシアン化物）は、微量で独特のにおいを発生する。イソシアノ基（–NC）の炭素は二価とされる。一酸化炭素とともに珍しい結合の例である。

　さて、このカルビルアミンのにおいは悪臭と聞いていたが、どんなにおいだろうかと思い、試験管にアニリン、クロロホルム、水酸化カリウムをたっぷり混ぜて加熱してみた。すると、いやなにおいが試験管の口から出てきた。なるほど悪臭ではあ

カルビルアミン（R–NC）の発生

$$R{-}NH_2 + CHCl_3 + 3KOH \longrightarrow R{-}NC + 3KCl + 3H_2O$$

るが大したことはない。何だこんな程度かと思って、試験管の中身を無造作に流し*に捨てた。途端に、猛烈なにおいが部屋中に広がった。試験管の底の方では完全に反応が進んでいたのだ。ウワッとばかり驚いたの何の。よくわかった。もう忘れない。二度とこんな実験はやらないぞ、と決心しつつ、大量の水で洗い流し、やれやれと思ってほっとしていると、廊下が騒々しい。

「おい、くさいぞ」

「何のにおいだ」

「ガスもれじゃないか」

先輩や先生連中が騒いでいる。これは大変なことになった。私が流したカルビルアミンが、流しの管を通って他の部屋へ漏れていったとしか考えられない。私はまだ学生。ばれれば袋だたきだ。だからといって、黙っているわけにもいかないだろう。私はおずおずと廊下へ出た。そして叫んだ。

「ホント。くさいですね。何でしょう！」

（一九九六年十月）

＊このころは排水規制はなく、何もかも流しに捨てるのどかな時期であった。

クリスマスの思い出――X線結晶構造解析――

X線結晶構造解析とは、結晶にX線ビームを当てて散乱される二次X線（回折X線）の方向と強度から結晶の構造を導くものである。

まず実体顕微鏡の下で適当な結晶を選ぶ。〇・〇五～〇・五ミリメートルなら十分である。大きすぎたり形が悪かったら、溶媒でぬぐったり、かみそりや紙やすりで整形する。次にこれをガラス棒の先端に張り付ける。接着剤にはマニキュアがよく使われる。これを化粧品店へ買いに行ったとき、女店員からうさんくさそうに見つめられた。

さて、接着剤が乾燥したら、これを「四軸型単結晶X線自動回折計」という長ったらしい名前の機械にセットする。普通の遷移金属錯体なら、一、二時間の労力で自動測定に入り、眠っているうちに一週間足らずで結果が出る。

ところが、私が初めて解析を行った一九六〇年代はそうではなかった。結晶を取り付ける場合は、その軸をガラス棒に平行になるようにする。それからワイセンベルクカメラにセットする。ワイセンベルクカメラとは、回折X線をフィルム上に撮影する装置である。何枚も撮影して試行錯誤で結晶の軸を正しい方向に向ける（軸立て）。同時に解析可能な結晶かどうかも判断する。これは特に問題がなければ数時間で終わる。それから二十～五十時間の長時間撮影に入る。この過程を十～

二十回繰返す。終わったら今度は別の軸を見つけて同じことを行う。これで数カ月を費やす。無数の回折斑点が写ったフィルムが数百枚（あるいはもっとたくさん）集まる。この黒化度（フィルムの感光の濃さ）は、標準スケールとスタンプルーペを用いて目で測定する。これも数カ月を要する。それでも、これは分子量（式量）が、せいぜい二千から三千程度の場合である。高分子になるとこんな生易しいものではない。

その後はいよいよコンピューターで解析を行う。そのころは東大に全国共同利用の装置が一台あるだけ。それも現在のパソコンに毛の生えた程度のものであった。処理依頼者がひしめき合い、依頼してから結果が出るまでに早くて一週間、混雑するときは一カ月も待たされた。当時、解析結果は一回の処理依頼では出ず、試行錯誤も含めて何段階ものステップを踏まねばならなかった。だから、二、三個解析すれば学位審査の対象になるといわれたものだ。コンピューターのないころはこれを紙と鉛筆でやっていたのだから、大変な労働であった。

イギリスのD・ホジキンらはビタミンB_{12}の複雑な構造を、コンピューターの試作品をゴトゴト動かしながら数人でよってたかって十数年かけて決定した。これがノーベル化学賞につながった。

さてある日、軸立てをしていた。ひょいと見るとX線のシャッターが開いている。アレッ出てたなと思ったが、どうしようもない。約一週間後左目が何となくおかしくなり痛くなってきた。被曝《ばく》した。さあ大変だ。先輩に相談したところ、「結晶は望遠鏡越しに見ていたはず。ガラスはX線を通さないから、ビームは望遠鏡で遮断される。眼痛は黒化度測定を片目でやっていたからではないか」

そういえば、不慣れなこともあって夢中で左目だけでスタンプルーペを凝視していた。単なる眼精疲労か？　念のために医師の検査を受けたら異常なし。ほっとした。喜び勇んで、別の軸について次の長時間撮影に入ろうとしたところ、軸立てした結晶がない。カメラのガラス棒の先端にはマニキュアだけが、ひとり寂しそうに固まっている。そういう今夜はクリスマスイブ。撮影スタート後は安心祝いに町にくり出して一杯やろうとしていたのに何たることか。泣く泣く再び結晶探し、整形、軸立て。ところがこうなるとなかなか進まない。やっと長時間撮影にこぎつけたときは夜が明けていた。作業中ついにサンタクロースは来ず、代わりにサンザンクロースルという怪物に一晩中苦しめられた。とんだイブであった。

そういえばクリスマスはXmasとも書く。クリスマスにX線でMasao（私）が苦しめられたのも、何かの因果か？

（一九九一年十二月）

科学研究費

十一月は研究者の憂鬱《うつ》の月である。といえば、大学や公的研究所の先生方はピンとくる。科学研究費補助金（科研費）の申請だ。今回は会社に勤める方々や学生諸氏に楽しんでいただこう。先生方は申請書を書き終えてから読んで下さい。

科研費は通常の年間予算（公費）では賄い切れない大きな研究をしたい場合に申請するものである。申請金額によっていろいろなランクがあって、各ランクの定める金額の範囲内で、金の使い道、研究の目的、手段、意義などをまとめる。文の量は書き方にもよるが、一万字程度であろうか。同じ書類を通常は四通作成するので、コピー技術のなかったころは緊張の大作業であった。現在はコピー、ワープロのおかげでぐっと楽になったが、きれいに書いてあれば通りやすいという神話はなくなった。ワープロは手書きに比べて字が小さいからたくさんの内容を盛り込まなければスペースが余ってしまい、見劣りがする。いつだったかテレビで、ワープロの出現によりわれわれは字を忘れてしまったが、その代わりにきめの細かい文が書けるようになった、といっていた。なるほどと思う。

提出後は事務官が丹念にチェックしてくれる。チェックが必要なほど書類の書き方にはうるさい注文がついている。書き方（傾向と対策）が本になって出るくらいだ。前任地で、学位の欄に理学博士と書いたら、理博と訂正された。本学で今度は理博と書いたら、理学博士と訂正された。文部省の公式見解はどちらだろうか。

結果がわかるのが翌年六月以降。通ったからといって申請の金額どおりではなく、かなり切られる。それでは目的の装置が買えない。ましてやその間に装置が値上がりすれば、申請者も**音**を上げる。注意書きにも、**値**上げは認めないとなっている。値上げしたのは私ではなく業者だぞ、といっても通じない。だが業者はよく心得ている。測定装置の多くは受注生産であるから、真の値段はあってなきがごとしだ。植木の値段のように交渉次第で幾らでも安くなる。審査側もそれをちゃんと知っているから心憎い。

当たれば使い道の明細書を改めてつくる。注意書きに、研究に直接関係ないものに使ってはいけない、とあるのは当然として、その次に括弧して、たとえば酒類など、となっている。研究能率向上のためにまずは一杯、というのは許されないのだ。そのほか、机、本箱など（什《じゅう》器）もだめ、パソコンはいいが夕

イプライターはだめ、それではワープロはどうだろうか。境界領域の品目だ。そういえば、科研費の分野にも境界領域がある。ただし、境界領域とはいわず広領域といっている。

申請の研究はその年度内に与えられた金額を過不足なく使い切って完成させなくてはいけない。しかし、化学の現実は期間が短くてそうはいかない。もし失敗したら全額返金となる。そこで、申請書にはほとんど完成しているか先が見えているものを、さもしたり顔でこれから始めるように書く。したり顔用ネタは常に用意しておかなければならない。見込みのないような奇想天外な申請をして、万一通ったら大変なことになる。だから科研費の建前はこれからどうするかであるが、実質は、今までどうであったか、である。いわば先生に対する期末試験だ。ただし、学生の場合と違って、合格の確率は低く二割程度で、合格しないのが普通である。何としても当てたいという人もいる一方、公費で十分ということで申請しない人もいるはずだ。

過不足を起こした場合、公費によるカバーは法律違反になる。利息を含めていかにしてピシャリと使い切るかは会計上のテクニックだ。いつだったか、年度末ぎりぎりになって私の経費に二百円ほど残ったとの連絡があった。支払いの時期などと銀行利息の関係で微妙な食い違いが出たようだ。慌てて鉛筆削りを注文したらだめだといわれた。結局、タイプ用紙なら研究成果の発表用ということでセーフとなった。二百円使うのにこれほど苦労したことはなかった。

外は大学祭で賑やかだが、締切りまであと二日。耳をふさいで、さあがんばろう。

（一九九〇年十二月）

移　転

わが教養部は一九九三年の夏に、都心部の金沢城内を出て東に直線で約六キロメートルの地点に移転した。これで城内のすべての部局が移転を終了し、世界に二つしかない城跡内の大学の一つが姿を消した(もう一つはドイツのハイデルベルク大学である)。いや、まだ本部と保険管理センター*が残っている。大学の心臓部がどこのキャンパスにも属さず、ぽつんと取り残されたことになる。

それはさておき、移転先はかつて山また山で、二十軒弱の農家が点在していた。これらはキャンパス予定地から少し都心部に近い区域へ集団移転した。

移転準備は二カ月以上前から始まった。高価な測定装置は専門の業者に委託し、古い薬品は捨てることにし、危険な薬品は適切な方法で処理し、処理できないものは運送屋に任せず、われわれ自身が車で運搬することにした。

さて実験室を整理すると、今まで気づかなかった薬品がぞろぞろ出てきた。ラベルがはげ落ちたり、印刷が薄くなってわからないものなど、正体不明のものばかりだ。褐色瓶に何か入っている。すり合わせのガラスの栓がワックスでとめられている。ずいぶん古い封の仕方だ。さんざん苦労して栓を抜いたら、猛烈なにおいが発生。臭素だ！　慌ててドラフトの中に放り込み、実験室の換気扇を回して逃げ出した。どうしても栓が抜けなかったら、瓶を割ってみるつもりだったが、割らな

くてよかった。同じ瓶がその後もゴロゴロ出てきたのにはまいった。

さらに整理を続けて、分散していた水銀がまとめられた。馬鹿にならない量である。さてこれをどうするか。三十年前なら、あっさり流しに捨てて何食わぬ顔で済ましたところだが、現在では無責任に捨てることは化学者のメンツが許さない。結局ひざに抱えて、やはり車で持っていくことになった。

講義準備室という名前の小さな部屋がある。小テスト用の用紙、チョークなどが置いてある物置だ。戸棚の隅からケチャップの大瓶が出てきた。中にさらさらした無色の液体が入っている。もちろんケチャップではない。何だろうと思って、きつく閉まったキャップを取ってにおいをかいだところ、何とガソリン（石油エーテル？）だった。これだけあれば、普通の車が数キロメートル走れる。だれのものかみんなに聞いたが、わからない。モズの早煮えよろしくだれかのしまい忘れだろう。それにしてもケチャップの瓶にガソリンを入れるとは何事ぞ。人騒がせな……。

金属ナトリウムをどう始末しようか。古い話になるが、私が名古屋大学に在職していたころのことである。キャンパスの中に周囲三百メートルほどの小さな池があって、真夜中にここへナトリウムを放り込んで火柱が立つのを見て、タマヤーッと叫んでいたという話を聞いた。事実かどうかは定かでないが、私はこの話を思い出し、やってみたくなった。今までの城内キャンパスの外堀に濁った水がたまっている。ここへ投げ込んだら、さぞかしすばらしいだろうと思ったが、近くに民家が密集している。大騒ぎになってはいかん。結局これもパッキングが十分入った段ボール箱に詰めてわれわれが持っていくことになったが、箱が大きすぎる。瓶がもう一本楽に入る。それでは、ということで、別の瓶を詰めた。中身はクロム酸混液だ。金属ナトリウムと酸化性強酸の同居。同じおりに犬と猿を入れたようなものである。よくやった。しかし、われわれはやはり化学者。車を出す段階で気になり、分別した。

移転当日、作業員が薬品の瓶を入れたケースをひっくり返した。一つだけすり合わせの栓が開いてだいだい色の液体が流れた。クロム酸混液だ！　すわ一大事！　危険物はすべてわれわれの手で処理するか運んだはずだが、こんなものが運送用のケースに入っていたとはどういうわけか？　ともかく液体に触らないように作業員に注意して、大急ぎで雑巾と水を持ってきた。そして瓶のラベルをよく見ると、……なーんだ、硝酸鉄(Ⅲ)の水溶液だった。アホらしい。

こんな次第でともかく、真夏の移転はめでたく終了した。

（一九九三年十一・十二月号を改編）

＊一年後にこれらの部局も移転し、城跡内はからになった。

さらにもう一服　頭の体操――割算

割切れるということは実に気持ちのよいものである。算数の割算で、割切れないのは何とも気分が悪い。かつて、割切れない値は分数で表されていたが、十六世紀に、ステヴィンが小数点を考案してからがぜん便利になってきた。それでも無理数は、有限な値であるにもかかわらず、分数や小数で完全に表すことは不可能であった。これらの中でも、円周率は人々の関心の的で、はたして無理数かどうかを確かめるためだったのであろうか、手計算で数百桁が求められた。無理数であることがわかってからは、コンピューターを使ってさらに多くの桁数を出すことが行われている。最近の新記録は東京大学大型計算機センターの金田康正氏らの二億桁だそうである(永瀬唯『かがくさろん』十二巻十六ページ東海大学出版会(一九八八))。*

ところで、世の中に実在するものには無理数のようないやらしい概念はない。必ず最小単位になるものがあって、万物はその整数倍になっているという。たとえば、物質は原子 (atom) とよばれる最小単位から成っている。この考え方はすでにギリシャ文明の時代に芽生えていたが、物質は元素 (element) という連続したものから成るという、プラトン、アリストテレスの考え方に押されて、全く無視されていた。この原子論は十七世紀になって、ガッサンディによってやっと日の目をみたが、化学に受け入れられるまでには、さらに紆余《うよ》曲折があった。化学者がモタモタしている間に、一足先に物理学者が原子論を取入れ、核物理学、素粒子論、物性論、量子力学を発展させた。

十九世紀末には、このような粒子性、不連続性はドイツを中心にして、物質の原子論のみならず、いろいろな分野に起こってきた。すなわち、プランクは、エネルギーはh（プランク定数）を最小単位とする不連続なものであるとし、また、シュヴァンは、生物は細胞という不連続体の集まりであるとし、さらに、ヘルムホルツは、電気は電子という微粒子の流れであるとした。

このようにすべてのものに最小単位があって、あらゆる現象がその整数倍で表せるのは気持ちがよい。割切れないということは、とかくトラブルのもとになる。

ここで、割切れないことが原因として起こったアメリカのこばなしを紹介する。

三人の客があるホテルに泊まることになった。部屋代は

三人合わせて三十ドルの予定であった。ところが、担当者が間違えて二十五ドルの部屋へ入れてしまったので、ホテルの主人は五ドルを返すように指示した。担当者は考えた。五ドルでは三等分できないだろう。それならというわけで、二ドルを自分のポケットに入れてしまい、残りを客に返した。担当者がくすねた分は二ドルだから、客は二十八ドルの宿代を払ったことになる。ところが、一人当たり一ドルずつ返してもらっているから、三人が払った分は二十七ドルである。この一ドルのくい違いはどうなっているのであろうか。（一九八九年五月）

＊一九九九年現在、金田氏により二〇六一億桁余りまで求められている。

第8章　泣く子と病気にゃ勝てない

泣く子は成長して大人になれば泣かなくなる。
しかし病気は大人になるとかかりやすくなる。
年をとればとるほど病気に勝てなくなる。
病気は泣く子以上にやっかいだ。

頭痛

頭痛の原因にはいろいろある。風邪、睡眠不足、悩み、極度の緊張、疲労、頭部の大けが、脳内の腫瘍などなど。だれもが何らかの頭痛を経験しているはずである。変わり種にアイスクリーム頭痛がある。これはアイスクリームなどの冷たいものを口に入れたとき、額や後頭部が痛くなるものである。すぐ治るのでだれも頭痛と考えないが、立派な頭痛の一種だそうだ。もう一つ、中華料理店症候群というのがある。これは大量のグルタミン酸一ナトリウムを急激に取入れたときに、肩や頭が引きつるように痛むものである。グルタミン酸一ナトリウムがラーメンやスープの汁に大量に含まれているところから、こんな変な名前を奉られた。グルタミン酸一ナトリウムは昆布のだし汁に含まれており、それに慣れていない欧米人は、かかりやすいそうだ。これもまたすぐ治るのでだれも意識しない。

これといった明確な理由もなく起こる頭痛の一つとして深刻なのは、偏頭痛である。片頭痛*とも書く。英語でも片頭痛はmigraineといい、headacheと区別している。その名のとおりこめかみのどちらか一方が痛む。片頭痛にもいろいろな型があるが、原因が脳動脈の拡張であることは共通している。だからこれを血管性頭痛という。血管拡張は入浴、運動によっても起こるが、この場合は頭痛は起こらない。思いあたる原因もなく拡張した場合に痛くなる。

片頭痛の特徴は、視聴覚異常、疲労感など、何らかの前ぶれがあること、始まってから一定の時間（数時間ないし数日。人によって異なる）経過すれば何もしなくても自然に治ること、定期的に襲ってくること、そして生命に全く別条はないことである。また、普通の鎮痛剤は効かない。日本では昔からこめかみに梅干しを張った。冷やす以外に特別の効果があったかどうか疑問である

片頭痛に悩まされた有名人は多い。持統天皇、イギリスのメアリー女王（ブラディ・メアリー）、ベルセリウス、バーナード・ショー……。

片頭痛もちに福音をもたらしたのが麦角アルカロイドの一つエルゴタミンである。特に前ぶれのあるうちか、痛くなり始めたときに服用すると、微量（酒石酸塩として一ミリグラム以下）で劇的な効果をもたらす。エルゴタミンの作用は拡張した血管を収縮させることである。したがって血管性以外の頭痛には効かない。血管収縮作用はニコチンにもあるから、タバコも効く。しかし、治療剤としては使われていない。

エルゴタミンはやはり麦角成分のリセルグ酸に複雑なアミドが結合したものである。アミドの代わりに$-N(C_2H_5)_2$が結合したものはLSDで、一九七〇年麻薬に指定された。エルゴタミンにはLSDのような幻覚、耽溺《たんでき》性がないので麻薬ではない。それではLSDは片頭痛に効くのかな。

さて、リセルグ酸は脳内物質セロトニンの誘導体である。とすれば、LSDやエルゴタミンの生理作用とセロトニンとはどんな関係にあるのだろうか。

二日酔いの頭痛もまた血管性頭痛である。だからエルゴタミンはよく効く。ただし、副作用が強く、胃や肝臓に影響を与えるので、酒によってただでさえ弱ったところへエルゴタミンが追いうちをかけてはたまらない。まあこんなものを服用せず、二度と酒は飲みません、と念じつつおとなしく治るのを待つのが一番よろしい。

連載のネタが出てこないときは私も頭が痛くなる。これは緊張性頭痛だから精神安定剤が最も有効と聞いたので、試してみたら、正体なく眠り込んでしまった。名案は夢がもたらすというがその夢さえ見なかった。これではあかん。

（一九九一年十月）

＊現在では「片頭痛」の方がより一般的になっている。

成人病

職場では毎年、成人病予防のための定期検診がある。受けなければ一般の医療機関で受診して、その結果を職場に報告しなければならないから、事実上の強制だ。それでも受けない人はいるようで、その理由は、変な結果が出てあれこれ制限されるのがいやだから。まあその気持ち、わからんでもないが、勤務時間中にロハで一通りのことをやってくれるのだから、受けなければ損だ。

さてある年、指定された検診日は都合が悪かったので、別の日にほかのキャンパスで受診した。胃の像影検査ではいつものようにバリウム（硫酸バリウムの懸濁液）を飲んだ。無事終わってバスに乗って自分の部屋に着いた途端に思い出した。下剤をもらってくるのを忘れた。バリウムは下痢止めにも使われるので、そのまま放って置けばひどい便秘になってしまう。これは大変だ。またバスに乗ってもらいに行くか。いや時間がかかりすぎる。バスに乗っているうちにバリウムは小腸へ行ってしまう。よし、それならば最後の手段。水をやたらに飲んだ。数えていなかったが、普通のコップ十杯以上飲んだと思う。幸いそれが効いた。便通があったときはやれやれとほっとしたが、それにしても人間の（私の？）胃は意外と大きい。こんなにたくさんたて続けに水を飲んだのは生まれて初めてだが、その気になれば飲めるものだ。

さてその検診結果では、心臓、胃腸はよかったが、貧血気味と出た。どうってことはないと高を

くくっていたら、掛かり付けの医師が言った。
「五十歳を過ぎると自覚症状がなくてもあちこち悪くなってくるから、定期検診で少しでも変な結果が出たら、必ず精密検査を受けてその原因を見つけ、悪いところは治しておきなさい」
そこで、総合病院で精密検査を受けた。その結果出てきたのは食道のただれである。ただれだけに、あぶり出された感じだ。胸やけがないかと聞かれたので、酒を飲みすぎたときにときどきあると答えた。胸やけは胃のせいだと思っていたが違う。食道に原因があったのだ。
私は若いころから、ラーメンの思いっきり熱いのにラー油と胡椒《こしょう》をたっぷりかけて汁ごと飲んでいた。おでんには練り辛子《がらし》、うどんには七味唐辛子。親子どんぶりやかつどんにも辛子をかける。カレーライスにもタバスコ（唐辛子と食塩の混合物）をたっぷりかける。香辛料は若いころから常にわが最良の友であった。だから食道のただれはもっと早く現れたはずだが、この年になってやっと出てきたという感じ。ということは、これも成人病の一つか。ほかに自覚症状はなかったが、ともかくしばらくの間、薬を服用することになった。

それにしても、成人病[*]なんて変な名前だ。成人式を迎えた途端にかかる病気……。そんなものあるわけない。老人病というべきだ。それがいやなら熟年病とでもするか。あるいはお迎え病？　いや、これ以上悪ふざけはやめましょう。

食道が悪いという結果が出たら、何となくのどの奥がむずがゆいような痛いような感じがしてきた。食道がん？　いや、医者の様子からして、そうでもなさそうだ。それは気の病だ。人間は妙な暗示をかけられると、すっかりその気になってしまう。がんノイローゼなどその最たる例である。がんを治すのは大変であるが、がんノイローゼを治すのはもっと大変だ。　（一九九四年十一月）

＊現在は生活習慣病とよぶようになった。

がん

動物の体の特定の場所で異常増殖した細胞の集まりを腫瘍《しゅよう》という。これには良性と悪性があり、悪性のものをがんという。良性であれば放っておいても構わないが、できる場所にもよる。良性でもできてほしくない所にできると問題だ。男性の前立腺肥大症は良性の腫瘍の典型的な例である。しかし、放尿に悪影響を与えるので、取除いた方がよい場合が多い。

がんは初期のうちなら外科的手術で除去する。この際、目に見えないがん細胞（顕微鏡的肉腫という）が取残されている可能性が高い。これが転移を起こす。そこで、抗がん剤を用いた化学療法を施す。さて、この抗がん剤がくせ者である。がん細胞に特異的に作用するのなら問題ないが、正常細胞にも作用する。また、効きめに個人差があるようだ。死亡原因が、がんではなく、抗がん剤の使いすぎということが多いともいわれている。『抗ガン剤は効かない！』（別冊宝島（一九九六））によると、抗がん剤にわらをもすがる思いで頼るのだそうだ。患者ではなく医師が……。

こんなわけで、抗がん剤は猛毒とされる。知り合いの薬剤師の話によると、普通の粉剤を調合したときは、乳鉢やスプーンはティッシュペーパーのようなものでさっと拭くだけだが、抗がん剤に用いた器具はしっかりと水洗いするとのこと。

最近はがんで死亡する人が多くなったが、これは他の病気で死亡することが少なくなったためでもある。がんは昔からあった。徳川家康はがんで死亡したと推定されている。エジプトのミイラの中にもがんで死亡したと推定されるものがあるそうだ。

しかし、現在の進んだ文明ががんをひき起こしているともいわれている。よく引合いに出されるのは肺がんだが、これはタバコの吸いすぎだけとは限らない。排気ガスも絡んでいる。話はそれるが、花粉症は昔はなかった病気であるという。排気ガスと花粉とがそろって、初めて花粉症が発症する。

がんは告知をしないことが大原則となっていたが、最近は様子が変わってきた。がんは日本における死亡原因の第一位にあり、三人に一人ががんで死亡する時代である。医師の中には告知する人が多くなり、また告知を希望する患者も多くなった。

その理由は、がん細胞は消滅することもあり、いったんがんができたらもう駄目、というものでもないらしいこと、また、増殖するがんでも適切な痛み止めを使っていれば、死亡する数日前まで普通の生活ができること、しかも死ぬことがかなり前にわかるので、身辺の後始末ができることであ

先生，私たち お父さんが
心配なんです。思い切って
本当のことを教えてください！
だから初めから
ただの水虫って
言ってるじゃない
ですか
センセ…
心配のあまり 家族全員で
病院に来てしまったAさん一家

る。

私は実際にそういう例を知っている。その人は自分ががんであることを承知しており、いよいよ死期が近づいたことを感知して初めて入院し、五日で息を引き取った。

もちろん、告知によって、身も心もぼろぼろになる人もいるから、家族も医師も告知には十分気をつける必要がある。

がんほど告知にためらいがない病気の中には、死亡するかなり前から体が動かなくなり、悲壮な死をとげるものの何と多いことか。肝硬変、糖尿病、腎不全などはがんよりも面倒くさくて恐ろしい病気だ。

以前、私は血液検査で肝機能に異常があると診断された。そこで総合病院へ行って精密検査を受けた。そして医師に呼ばれた。

「次回は奥さんと一緒に来て下さい。いや、それよりも告知を希望しますか？」

医師は肝臓がんを疑ったらしい。これはえらいこっちゃ、と肝をつぶした。こんなことを言われたら、告知されているのと変わらない。

それから四年あまり、私は相変わらず生きている。わが肝臓は、晩酌にも耐え、黙って働いている。医師も何でこんな「脅し」をしたのだろうか。それとも誤診？

（一九九八年十一月）

風邪

珍しく風邪をひいた。熱は出なかったが、のどが痛くてひどくせきが出る。医者から粉薬と錠剤を投与された。水を口に含んで粉薬を口に入れた。途端にせきが出た。水と薬が口から飛び出した。ああもったいない。一回分損した。どうも粉薬は苦手だ。以前にビールで薬を飲もうとして失敗したことを思い出した。口に含んだビールに粉薬を入れて飲み込もうとして口を閉じた途端（口を閉じなければ飲み込めない）、ビールの二酸化炭素が口中に広がり、唇の隙間からプウーッと吹き出した。まるで鯨の潮吹きだ。ビールも薬も口のまわりと床に散乱した。飲み込んだ覚えがないから、確実にすべて体外へ出たようだ。

酒を使った薬の服用はやめた方がよい。その理由は、薬がアルコールと反応したり、薬の効き目に影響を与えるから。特に精神安定剤や睡眠薬と酒は相乗作用があって危険なことは、かつてアメリカで若い女性が植物人間になったことからよく知られるようになった。植物人間に至らなくても、このような服用を一回するたびに数十万個の脳細胞が死滅するといわれている。脳の細胞は全部で一千億個だそうだから、何回やったら脳がアウトになるだろうか。かくいう私の脳もかなり劣化が進んでいる。このシリーズをあと何回書けば、わが脳はアウトになるだろうか。まあそれまでに恥も書くし、冷や汗も書く。

風邪は昔から知られている病気であるが、その特効薬はいまだにない。解熱剤、せき止め、去たん剤などすべて対症療法である。もし特効薬を考案したらノーベル賞ものといわれている。アメリカでは風邪くらいで医者は薬を出さないから、ただひたすら自然治癒を待つのみとのこと。

風邪のウイルスにはいろいろあって、それぞれに症状が異なるが、共通しているのは高温に弱いことである。人間の体はうまくできている。体温を上昇させてこのウイルスをやっつけるのである。だからある程度発熱状態を続けなければ意味がない。ちょっと発熱した、即解熱剤、というのはかえって風邪を長引かせる。発熱と解熱剤のいたちごっこを一週間やった結果、見事に肺炎になったケースがある。だからよほどの高熱（化学的には高温とすべき？）でない限り、解熱を考えず、抗ヒスタミン剤でも服用してじっとしておればよい。せいぜい三日で熱が下がる。幸い抗ヒスタミン剤には眠気を催す副作用がある。ともかく仕事を（遊びも）いっさい休んで眠ることである。……と考えながら、せきとのどの痛みをこらえて、私はこの原稿を書いている。休めといっている本人がこれではどうしようもない。編集子に風邪をうつすといけないから、この原稿はファックスで送ろうか。

抗ヒスタミン剤など飲むくらいなら、熱い卵酒の方がはるかによい、という人もいるであろう。しかし私はあんなまずいものを飲む気にはならない。こんなものを飲むくらいなら、ゆで卵を肴《さかな》にして酒そのものを飲んだ方がよっぽどよい。どうせ腹へ入れれば一緒なのだから。もちろんこれは好みの問題であるから、人さまに、卵酒はまずいからやめとけと言うつもりはさらさらない。

風邪の中にホンコン風邪というのがある。猛烈な高熱の続く、たちの悪い病気であるが、私はこれをコンコン風邪と聞いて、せきが出る風邪だ、と長いこと思っていた（もちろん子供時代のことです）。

病気に冒されることを、たとえば、結核にかかる、チフスにかかる、などというが、風邪だけは風邪を**ひく**という。日本語はおもしろい。

（一九九五年二月）

歯医者

歯医者へ行くことが楽しみという人は多分いないと思う。その例にもれず、私も歯医者が苦手だ。そこで歯科医師の勧めで仕方なしに毎食後歯磨きをするようにしたら、効果てき面。通院回数が減り、三年に一回行くか行かないかの程度に進歩した。歯科医師にとってはかえってお得意さまが減ったことになる。しかし、医師いわく。「この年齢になると歯石がたまって歯周病（歯槽膿漏《のうろう》）になりやすいから、半年に一度は来るように」　あんな痛い処置はねえ、やっぱり行かない。

軽い虫歯なら、エナメル質の黒く汚れている部分を磨いて充塡剤《じゅうてん》を詰める。かつてこれには銀アマルガムが使われていたが、水銀を使うことと長持ちしないことが原因で次第に影をひそめて、現在では主として水酸化カルシウムと重合性有機化合物の混合物が用いられている。

エナメル質の奥の象牙質まで侵食が進むと痛くなってくる。それはエナメル質と異なり、ここにはわずかながら神経がきているからである。この状態でも右記の処置をとることが多いが、どうにもならなくなった場合は歯を深く削って歯髄の神経繊維を取除く。かつてこの処置は日数がかかり苦痛を伴うので、医師にとっても患者にとっても難儀なものだった。医師は痛んだ象牙質を削ってきれいにし、ここへ亜ヒ酸（三酸化二ヒ素の俗称）を詰めて象牙質の神経を殺す。そしてこの部分をまた削って取除き、さらに奥の象牙質に進攻する。これを何度も繰返して、いよいよご本尊の歯髄に到達すると、患者のすきをみて神経繊維を針に巻きつけてさっと抜く。一瞬、患者は強い痛みを感じ、ギャッと声を出すが、それで終わり。ところが下手な医師に遭うと、抜く作業をだらだらと続ける。どうしても抜けなければ電気ヒーターで焼き切る。これでは患者はたまらない。こういう医師に限って、我慢しろと患者に文句を言う。

　ヒ素はリンと同族であり、リン鉱石の中に含まれる。微量のヒ素は肌を白く滑らかにするそうだ。金沢の北、能登半島の付け根（口《くち》能《の》登《と》）に羽咋という市がある。ハクイと読む。難読地名の一つであろう。この付近はかつてリン鉱石の最多産地であった。だから昔から美人が多いとのこと。美人のことをハクイ女という理由がこれでわかった。と思ったら違う。ハクイは白いと書く隠語だ。

　話を戻して、現在では神経を抜くのに前記のような野蛮な（？）ことをせず、局所麻酔で一気に

やってしまう歯科医が増えている。これなら二、三回の通院で終わる。医師も楽だ。麻酔剤はリドカイン、テトラカインなどで、いずれもコカインの誘導体である。コカインは優れた麻酔薬であるが、読者諸氏よくご存じのように簡単には使えない。そこで、コカイン分子を改造して麻酔作用だけを保たせ毒性を抑えたものが、リドカインなどである。これらは麻酔薬ではあるが、麻薬ではない。

私の近所にほとんど寝たきりに近い長老がいる。その人は虫歯が一本もない。全部抜けてしまえばそういうことにもなろうが、そうではなく三十二本ちゃんとそろっている。もちろん歯科医とは無縁だ。こうなると、歯の善しあしは手入れだけでなく、体質が関係しているに違いない。うらやましい。

ある歯科医院で口をギュウッと閉めてどうしても歯を見せない子供がいた。どんな方法か忘れたが、医師がこの子供を怒らせた。

「歯医者のバカヤロウッ!」

すかさず、医師は歯形をとるための道具を子供の開いた口の中にパッと入れた。さすがプロ。見事な手並みだった。開いた口がふさがらないというのは、まさにこのことだろう。だれだ。そんなギャグには**閉口**したといっているのは?

（一九九四年六月）

塵肺

塵肺《じん》とは、多量の粉塵を絶えず吸入したために起こる肺の機能低下で、最悪の場合は死亡する。また、がんの原因にもなる。

粉塵にはいろいろなものがあるが、少量ならたんやせきによる排出、肺に達しても食細胞による吸収などで解決する。しかし、量が多くなるとこれらの防御作用が追いつかなくなり、肺胞の破壊が起こる。さらに粉塵のまわりを膠《こう》原物質（繊維状のタンパク質）が取囲み、その部分の機能が失われる。これは次第に大きくなって、X線写真で異常な影として発見される。それでも自覚症状が出ないので放置されることが多い。だが、これらの影の形成は不可逆であって、適切な方法で増殖を食い止められることはあっても小さくなることはない。自覚症状が出たときには後の祭りということになってしまう。

炭素が関与する場合、炭素肺あるいは黒鉛肺という。たばこの場合も煙の主成分は炭素だから、やはり炭素肺の一種だ。

一見無毒と思われる動植物の微粒子も塵肺の原因になる。イヌやネコの原因不明の死因を解剖によって調べたら、肺から毛の玉（実は膠原物質に囲まれた塊）が出てきたそうだ。また、線香製作に長時間従事した人に、原料の植物の粒子が原因となった線香肺があると聞いて驚いた。

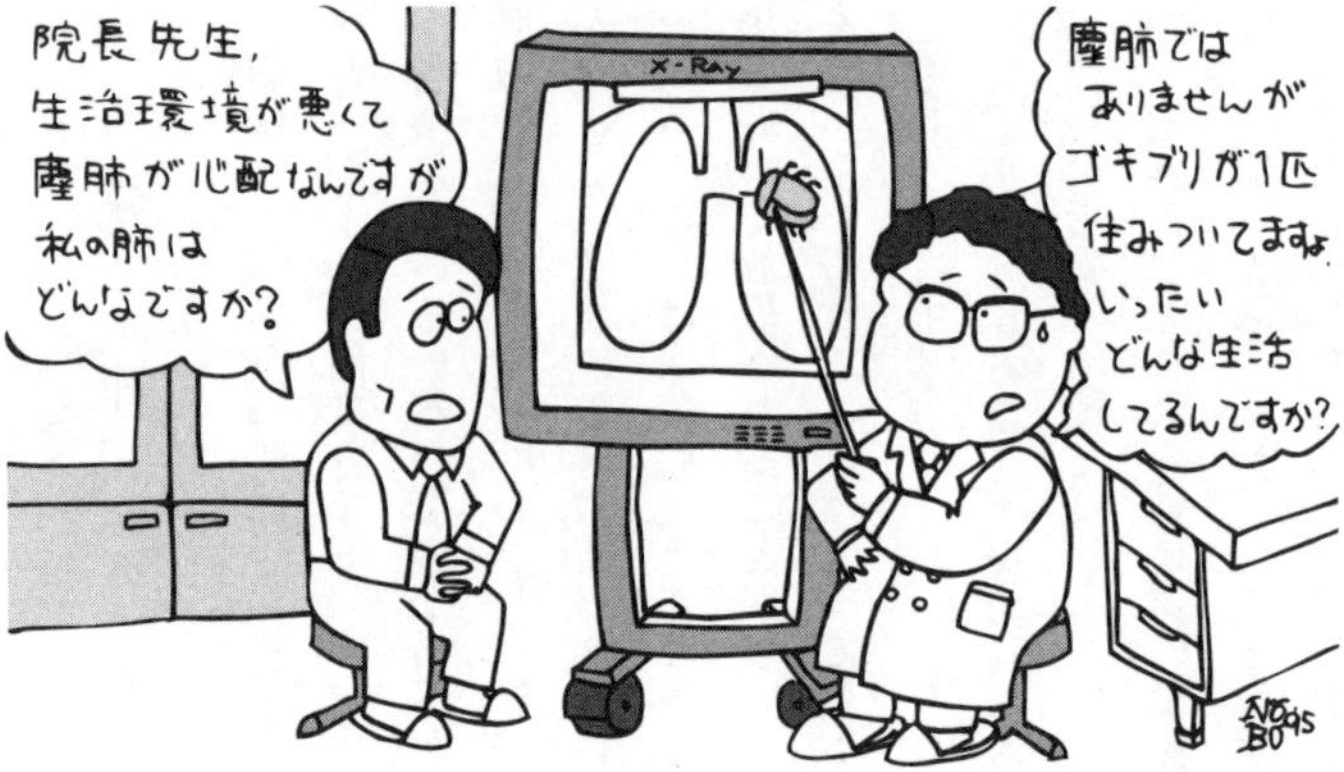

ケイ素化合物（ケイ酸塩）が関与する場合をケイ肺という。ケイ肺といえば、鉱山、岩石採取、土木工事などの現場でよく知られていたが、石綿（アスベスト）も原因の一つとして無視できないことがわかってきた。

石綿は酸、塩基と反応せず熱にも強いことから、化学実験、建築材料、自動車部品などに盛んに使用されてきた。何にも侵されない、向かうところ敵なしという物質は手に負えない。煮ても焼いても食えないとはこのことである。不活性ガスのようにおとなしければ問題ないのだが、悪さをする物質はどうにもならない。

ケイ素化合物を吸入する恐れのあるところでたばこを吸うと、ケイ肺の進行が速くなるといわれている。炭素とケイ素とは高温でダイヤモンド並みのきわめて安定で堅い炭化ケイ素をつくるが、これと何か関係があるのだろうか。

何のことはない。塵肺とは、人間が自分の体の中にタネを入れて真珠をつくっているようなものだ。

膠原物質が炭素、ケイ素などを囲んだものは一種の錯体であるが、その構造はまだ明らかではなく、性質も生理的にやっかいなものという以外わからない。

塵肺は英語でpneumonoconiosis（pneumoconiosisともつづる）という。ケイ肺はケイ素関係の言葉と複合して、pneumonoultramicroscopicsilicovolcanoconiosisとなる。化合物の名前がしばしば非常に長くなるのと同様であるが、これは英語の中で最も長い単語とされている（もっと長い単語がある。それはsmiles。先頭のｓから末尾のｓまでが一マイルもあるから）。現在、この単語は中規模の普通の英和辞典にも出ている。それほどケイ肺は昔から注目されていたことを示すものである。

さて、アルコールを吸込んだらアルコール肺になるか。いや、これはただちに血液に吸収されるから大丈夫。しかし、摂取しすぎると、今度は肝臓の方が塵肺と同様の繊維化を起こす。これが肝硬変である。乾杯、これすなわち肝肺、などとしゃれている場合じゃないぞ。　（一九九五年十一月）

アレルギー

アレルギーとは、もともとは、一度体内に入った物質と同じものを再度与えると、身体がそれに対して一度目とは異なる反応を起こす現象をよび、今世紀初頭から医学界で知られるようになった。この反応には、感受性が小さくなる場合と大きくなる場合とがある。前者は狭義の免疫、後者は過敏症であるが、現在では、アレルギーといえば後者をさす。アレルギーを起こす物質はアレルゲンとよばれ、体内である種の抗体の生産をひき起こす。アレルギーは、この抗体と再度入ってきたアレルゲンとの反応の結果生じる症状である。

アレルギーの例としては、喘《ぜん》息、胃腸障害、花粉アレルギー（花粉症）、ペニシリンショック、じんましんなど、たくさんある。ツベルクリン反応もこの一例である。その原因は自律神経にあるので、治療には交感神経興奮剤（アドレナリン、エフェドリン）、あるいは副交感神経麻痺《ひ》剤（硫酸アトロピン、ロートエキス）が投与される。逆に、副交感神経興奮剤を与えると、当然、アレルギーを起こす。その代表的なものがヒスタミンである。この物質は、各種抗原抗体反応が引き金となって、アミノ酸の一種であるヒスチジンが遊離、変化することで生成する。あるいは、ヒスタミン自体もマスト細胞（肥満細胞）とよばれる細胞に蓄えられていて、いざ出動（?）というときに遊離する。ヒスタミンの遊離がアレルギー発症の原因であるという考え方がヒスタミン説で、現在の通説となっている。この説に基づいて、数多くの抗ヒスタミン剤がつくられた。もちろん、前記の交感神経興奮剤および副交感神経麻痺剤は抗ヒスタミン剤とはいわない。

　顔中粉をふいたように白くなっている子供をよく見かける。これはおそらくアトピー性皮膚炎で、アレルギーの一種である。しばしば喘息、鼻炎を併発している。原因は寒さ、汗、摩擦、ほこり、動物の毛、花粉などであるが、ストレスも関係しているといわれる。これらはいずれも、どこにでも転がっているもの（現象）だから、取除くことは不可能である。抗ヒスタミン剤、ビタミン、副腎皮質ホルモン、ホウ酸亜鉛軟膏《こう》による対症療法でごまかすしかない。幸いなことに、成長すれば自然に治ることが多い。

　アレルギーあるいはアトピー性皮膚炎は昔からあった。私の子供のころ、かゆみに悩む同級生が何人かいた。当時、このような症状は「ハタケ」とよばれ、細菌性の皮膚病だから伝染すると考えられていた。この疾患は遺伝的体質に関係するので、一家そろってかかっていることもあって、伝染病と思われたのであろう。治療薬としては、タムシチンキが用いられたと記憶する。タムシチンキとはその名のとおりタムシ

の薬で、サリチル酸をアルコールまたはワセリンで薄めたものである。タムシは鳥の羽毛が抜ける伝染病で、動物から人間に伝染したと聞いた。本当のタムシならともかく、アトピー性皮膚炎なら、こんなものを塗っても治るはずがない。強い刺激で皮膚炎はかえって悪化する。塗られた子供はさぞかし痛かっただろう。アレルギー、アトピーの概念が一般にはほとんど知られていなかったころの悲劇である。

実はハタケという皮膚病もある。これもまたアレルギー性で、細菌や伝染性とは無関係である。アトピー性皮膚炎とよく似ているが、かゆみや痛みがないのが普通で、やはり成長すれば自然に治るから放っておけばよい。しかし、見た感じは確かによくない。山のハタケはクワの実とともにアカトンボがお似合いであることは歌の文句にも出てくるが、顔のハタケはトンボ眼鏡で隠すよりほかに仕方がないか。

タムシの医学上の名前は「白癬《はくせん》」である。これはまだいい。ところが、ハタケは「顔面単純性粃糠疹《ひこうしん》」という。なんとまあ難しい名前か。ついでにもう一つ、非特異的上気道炎というのもある。何かと思ったら風邪のことだった。医者の使う病名は墓石の戒名みたいだと言ったのは金田一春彦氏であるが、確かに病気とお墓は無関係ではない。

（一九九六年九月）

第9章　規則は破られるためにある

破ることのできない規則は規則ではない。
法律もまたしかり。
しかし法則は容易に破れない。
こんな違いがあるにもかかわらず、
英語ではすべてlawだ。

外来語の表現

元素や化合物の名前、あるいは元素記号などを決める、いわば化学に関する世界の国語審議機関ともいうべきものが、国際純正および応用化学連合（International Union of Pure and Applied Chemistry：IUPAC）である。ここで決められた内容はもちろん英文で書かれているので、日本語に翻訳しなければならない。その基準は文部省の学術用語集に従うが、日本語にない新元素あるいは新化合物の名前にはカタカナを当てる。この場合、英語を母国語とする人の発音をもとにするか、または、単語のつづりのローマ字式読み方をもとにするかの二通りがある。これらをそれぞれ音訳、字訳という。ここで、字訳という言葉は新しい造語のようである。

たとえば、ethanolは、音訳でイーサノウルであろうが、字訳ではエタノールである。この例からもわかるように、化学で扱う物質名の翻訳は、英語の字訳を原則としている。これは、日本化学会が定めている規則である。その規則は微に入り細をうがっているが、化学会の趣旨は、一つの外国語に対して一つの日本語を当てるということになっているから、昔から慣用として使われている言葉（ほとんどの言葉が英語を知らぬ日本人が耳から聞いた音、いわゆる音訳）については、無用の混乱を避けるためにそれを生かすようにした。そこまではよかったが、その読み方に従ったカナ表現を、新しく入ってきた言葉にも当てるようにしてしまった。そのために、正しい発音とはかけ離れた読み方が正式の日本語表現となっている。

このようないくつかの例を挙げると、まず、xenonはズィーノンでもクセノンでもなく、キセノンである。xyleneはキシレンである。これはtext, extraをテキスト、エキストラと発音した音の名残で、xは必ずキスとしなければならない。ついでながらink, brake, deckをインキ、ブレーキ、デッキと表記する。昔の日本人はキを好んだようである。ただし、wax, helixなどは逆にワッキス、ヘリッキスとせずワックス、ヘリックスとする。これらの言葉は日本における英語教育が盛んになって、日本人の多くが英語が読めるようになってから入ってきたからであろう。

ti、di、tu、duは、チ、ジ、ツ、ズとしなければならない。また、siはスィでなく、シとしなければならない。nicotine, tuberculin, dysprosiumは、それぞれ、ニコチン、ツベルクリン、ジスプロシウムである。ニコティン、トゥベルクリン、ディスプロスィウムという表記は誤りである。

変な規則の極め付けは次の例であろうか。chloroform, formalinは昔からクロロホルム、ホルマリンといっていたので、化学会もこのとおりの表記を定めた。ここではfoがホとなっている。それに対して、chlorophyll, phenolはクロロフィル、フェノールと表記する。phの音はf、yの音はiと同じであるから、結局fi、feがそれぞれ、フィ、フェとなっている。これも化学会は認めた。すると、fの表記が統一されていないことになる。構うものかというわけで、化学会はfa、fi、fu、fe、foのカナの表記を、ファ、フィ、フ、フェ、ホと決めてしまった。それではヒロポン(philopon)、コーヒー(coffee)はどうなるのだろうか。化学には関係ないとして無視されたのかな。

それから、濁音va、vi、vu、ve、voはヴァ、ヴィ、ヴ、ヴェ、ヴォではなく、あっさりと全部、バ、ビ、ブ、ベ、ボとしてしまった。だからvitamin, vinylはそれぞれヴィタミン、ヴィニルではなく、ビタミン、ビニルと表記することになっている。

ともかく変な規則であるが、昔から一般によく使われているカタカナ表現を、何の邪念ももたずに素直に使っている限り、そんなに間違えることはない。しかし、英語をある程度知っている学生が初めて化学を学ぶとき、その古臭い外来語表現に戸惑うのも事実である。もちろん私は、現在の英語教育に合わせて、この規則を改めろというつもりは全くない。日本語の本家の国語審議会のように、漢字や送り仮名などを「時勢に合わせて」やたらに変更して、教育の現場を混乱させるような馬鹿げたことはやるべきでない。ただ、上記のような規則やその背景を、化学の初心者に理解させる必要があると思うのである。

ところでその国語審議会[*]は、外来語の表現方法についてもめており、決定には至っていないそうであるが、今のところ、慣用化されているもの以外は音訳を採用するという習慣になっている。最後に、Hepburnは人の名前である。これを音訳と字訳で表したらどうなるであろうか。音訳ではヘボンとなる。Hepburnは人の名前である。ローマ字を考案した人だ。また、字訳ではヘップバーンとなる。『ローマの休日』で有名な女優である。おなじローマでも全然違う。同一つづりの名前が日本語では見事に区別された。二人とも化学者でなくてよかった。もし化学者だったら、日本化学会はさぞかし困ったであろう。

（一九八九年十月）

＊ 一九九五年ごろ、国語審議会は外来語の表現に関する規則を決めた。これによれば日本化学会の表現方法と異なる点が多い。

模型

理想気体一モルについては$PV = RT$という関係が成り立つことは、読者諸氏ならよくご存じのことと思う。ところが、現実にはこの関係は成り立たない。若干の補正項をつけて何とか収めたのが、ファンデルワールスの式であるが、それでもなお、不正確さが残る。

しかし、普通はあっさりと$PV = RT$の関係が用いられている。これはもちろん大抵の気体については常温常圧下では近似的に成り立つからである。近似的に成り立つから正しいという発想は、化学ではしばしば登場する。量子化学、化学結合論は、見かけ上厳密な理論だが、実は近似の化け物だ。

重さと摩擦のないピストンをもったシリンダーが熱力学によく登場する。これも変な装置だ。しかも、この中に理想気体を閉じ込めている。この気体の膨張のさせ方が、またいろいろある。平衡を保ちながら膨張させるとか（平衡を保って膨張することはないから、準静的に膨張させる）、急に膨張させるとか（急に膨張させたら、重さと摩擦のないピストンのこと、フッ飛んでいってしまわないか）……。

このように、現実にあり得ないような状況で物事を判断することは学問でよく行われるが、学問以外でもよく行われる。しかし、現実的でないからといって、反対したり、認めないということはない。

たとえば、オオカミと三匹の小豚の話。三匹がそれぞれ、わら、木、れんがの家を建てた。オオカミはわらと木の家はあっさり壊してしまったが、れんがの家はついに壊せなかったというもの。この話、よく考えてごらん。豚が家を建てますか?

桃太郎の鬼退治。猿と犬とキジを従えて出かける。よりによって仲の悪い三匹を集めたものだ。ここへ猫を加えれば完璧だ。桃太郎さん、けんかの仲裁で生傷が絶えないぞ。

イソップの寓《ぐう》話には動物がたくさん出てくる。肉をくわえた犬が、橋の上で水に映る自分の姿を見て、ワンと吠えたら肉がボチャン……。これを一体だれが見ていたんだ。犬はそばに人がいたら、のんきに橋の下などのぞいてはいない……。待てよ、これはあり得るぞ。犬に鏡を見せると、猛烈に吠えながら飼い主の陰に隠れたり、鏡の後ろへ回るなど、激しく動き回る。慣れるまでが犬にとっては大変である。

いずれにしても、現実とは程遠い童話や寓話が否定さ

れるどころか、いつまでも語り継がれていることは注目に値する。これは、子供にてっとり早く、ものの道理や判断力を教えるための手段である。それと同様に、理想気体や摩擦のないピストンなどは学問の法則を簡潔に理解するために、あらゆる枝葉末節の因子を切捨てて必要最小限の因子のみを備えたものである。こういうものを、模型（model）という。理論を正確に裏付ける模型を考えることも研究者の大事な仕事の一つである。オオカミ、豚、猿、犬もまた、子供たちの能力発達の助けをする模型である。

と思っていたら、現代っ子はこんな模型にのるほど甘くはないぞ。油断めさるな。

（一九八九年十二月）

単　位

距離、質量、面積などを物理量といい、これらの量を表すメートル、グラム、平方メートルなどを単位という。単位は国、時代、および仕事の分野ごとに異なり、不都合なことが多い。そこで、せめて自然科学では、意志の疎通を図るために共通の単位を使おうという気運が生まれた。このようにして定められたのが**SI単位**である。この牽《けん》引役となったのが国際純正および応用化学連合（IUPAC）である。したがって、化学では早くからSI単位が使われるようになった。日本化学会は論文の投稿者にパンフレットを無料で配って、単位の統一を呼び掛けた。

SI単位はメートル法を基にしてあらゆる物理量を表すもので、従来一般によく使われているものを極力採用するようにしているが、それでも、なじみの深い単位が切捨てられている。たとえば、体積はリットルではなく立方メートルで表すことになっている。しかし、これを強要するとかえって普及を遅らせてしまうので、リットルのほかにatm（気圧）、℃など、当分の間使用してもよいという単位がいくつかある。

一九五九年、わが国で単位をメートル法一本に統一する法律が施行された。この法律には罰則まで規定されている。

当時の人々は処罰されてはたまらんと、一斉にメートル法に帰依した。それまでは、布地はヤール

0.1℃の精度と0.1mlの水調節ができる
スーパーウルトラファジー炊飯器でございます
でも何で4合炊きなの？
冷える
BS 29
ファジー
スーパーウルトラファジー炊飯器 ¥100,000
NOBU 91

（ヤード）単位で売買された。食品は百匁《もんめ》単位だった。百匁は〇・一貫で三七五グラムに相当する。

デパートはいち早くグラム単位に切替えたが、一般の小売店はなかなかついていけない。苦し紛れに三七五グラムいくらという表示がしばらく続いていた。

この法律施行以前は、小中学校ではメートル法、尺貫法、およびヤードポンド法の間の変換の練習が繰返された。これらのマスターに（私も含めて）、当時の子供たちは悪戦苦闘したものである。このような学習が不要になったので、数学教育のレベルがその分、上がることになった。

ところが、庶民の生活にガッチリと根付いた単位はそう簡単に変えられるものではない。その一例として土地の面積にはいまだに坪が使われる。一応、平方メートルになっているが、土地の値段を示すのに三・三平方メートル当たりいくらという。三・三平方メートルとは一坪のことである。酒、しょうゆ、油などの小売りには一・八リットルという半端な単位が用いられる。もちろん一升が化けたものだ。

何のことはない。表面上取り繕っているだけで、実際は尺貫法が生きている。まさに隠れキリシタンの現代版だ。

メートル法は、建築業界にとってはあるいは好都合だったかもしれない。それは近代建築に必要な輸入機器、材料がそのまま使えるようになったからである。その結果、団地サイズという妙な間取りが出現することになった。しかし、どうにもならないのは、古い建物、特に歴史上名高い神社仏閣の修理、再建築であった。職人はこっそりと尺貫の物差しを使っていた。この物差しの製造は法律によって禁止されているから、普通の方法では入手できない。その結果、ヤミルートの取引きが行われ、いろいろな不正がはびこったと聞く。あわてた当局は、尺貫の物差しは物差しではなく道具である、という法律の拡大解釈で切抜けることにした（一九七七年九月十六日付 北陸中日新聞）。現在はずいぶん弾力的になっているのだろうか、メートル法を使わなかったからといって現行犯逮捕されたということを聞かない。

（一九九一年三月）

薬と法律

薬には医師や薬剤師が使うもの、われわれ化学者が使うもの、農薬、殺虫剤、その他の家庭用薬品など数多い。これらの薬品には毒性をもつもの、爆発しやすいもの、その他危険なものがあるので、その取扱いは法律によって規制されている。

まず、薬事法という法律をのぞいてみよう。この第二条では、薬品を、医薬品、医薬部外品、化粧品というように分類している。

医薬品とは、法律文を引用すれば、「一　日本薬局方に収められている物、二　人又は動物の疾病の診断、治療又は予防に使用されることが目的とされている物であつて、器具器械（中略）でないもの（中略）、三　人又は動物の身体の構造又は機能に影響を及ぼすことが目的とされている物であつて、器具器械でないもの」となっている。

医薬部外品は、「人体に対する作用が緩和な物であつて器具器械でないもの及びこれらに準ずる物で厚生大臣の指定するもの」である。たとえば、口臭止め、体臭止め、あせも止め、脱毛防止剤、殺虫剤などである。

化粧品は、これもまた法律文を引用すれば、「人の身体を清潔にし、美化し、魅力を増し、容貌《ぼう》を変え、又は皮膚若しくは毛髪をすこやかに保つために、身体に塗擦、散布その他これらに類似する方法で使用されることが目的とされている物で、人体に対する作用が緩和なもの」となっている。さすがは法律、なかなかうまい定義だ。

医薬品には毒性の強いものもある。抗がん剤はその代表的な例だ（「がん」一三四ページ参照）。これらは厚生大臣が毒薬・劇薬として具体的に指定する。この指定は、ヒトに対する致死量、または複数のネズミに投与しその半数が死亡する量を体重一キログラム当たりに換算した値LD_{50}を基にしている。毒薬については、その直接の容器または直接の被包に、黒地に白枠、白字で薬品名と「毒」の文字を表示する。また、劇薬については、白地で赤枠、赤字で薬品名と「劇」の文字を表示する。

薬事法に規定されたもの以外は、すべて医薬用外の薬品ということになる。医薬用外の薬品にも毒薬・劇薬がある。これを規定するのが「毒物及び劇物取締法」である。薬事法では毒薬・劇薬であったのに対して、この法律では毒物・劇物といっている。薬品の入った容器および被包（傍線のように薬事法と微妙に異なる）に、「医薬用外」の文字および、毒物は赤地に白字で「毒物」、また、劇物は白地に赤字で「劇物」

ねえ、お酒のラベルに毒とか書くのやめてくんない？
あなたがお酒をちょっとも控えてくださらないからじゃないの
清酒猛毒
毒

の文字を表示しなければならない。劇物・毒物の区別もまた、厚生大臣が具体的に指定する。劇物の例は塩化水素、硫酸、クロロホルム、カリウム、水酸化ナトリウムなど、非常に多い。

毒物ですぐ思い浮かぶのが、シアン化物とハロゲン化水銀(Ⅱ)であろう。そのほかにテトラアルキル鉛、ヒ素、フッ化水素、その他いくつかの農薬がある。毒物の中には特定毒物と指定されているものがある。特定毒物はその使用にさらに大きな制限がかかってくる。テトラアルキル鉛は特定毒物であるが、シアン化物はただの毒物である。

厚生大臣が指定していない薬品には、当然法律による規制はない。しかし、法律で規制されているものは一般社会で広く使われる薬品に限られ、たとえば、シアン化カリウムよりもはるかに毒性の強いフグ毒テトロドトキシンは規制の対象ではない。そのほか、われわれが新しく合成した化合物も猛毒であるかもしれないが、やはり規制外である。エタノールは毒物・劇物ではないが、飲みすぎれば気絶し、命にかかわることを考えると、毒物・劇物の指定がなくとも無毒とはいえない。

薬に関する法律には、このほかに、麻薬及び向精神薬取締法、覚せい剤取締法、あへん法、大麻取締法があるが、われわれ化学者にはあまり関係ないであろう。

さて、鼻薬《はなぐすり》という変な薬がある。耳鼻咽喉科の使うものではない。この薬を規制する法律は刑法第一九七条である。

(一九九七年六月)

温　度

熱とは分子運動の結果生じる物質の巨視的現象である。熱の測定には温度という概念が用いられる。

温度測定の歴史は十八世紀前半、北イタリアでガリレオの弟子が中心となって始まった。このときは空気、アルコール、水銀の熱膨張率を利用した。摂氏目盛、華氏目盛の温度単位はすでにこのころにできあがったものである。

華氏目盛は、ドイツのガラス職人、ファーレンハイトにより導入された。これは、水–塩化アンモニウム寒剤の最低温度を〇℉、水の凝固点を三二℉、口中、血液の温度を九六℉とするものである。華氏という日本語は、ファーレンハイトの中国語表現「華倫海」からきているようである。

摂氏目盛は、スウェーデンの天文学者、セルシウスによるもので、解けかかった雪を一〇〇℃、沸騰している水を〇℃とした。この基準はやがて〇℃と一〇〇℃が入れ替わって現在のようになる。ところで、この基準を考えたのはセルシウスではなく、スウェーデンの博物学者リンネという説もあり、リンネは最初から沸騰水を一〇〇度と定義していたとされる。

絶対温度（ケルビン、記号K）が現れるのはこれから約百年後、熱力学が学問として確定したころである。これをしばしば熱力学的温度という、SI単位でもこの表現をしている。そして一ケルビンを水の三重点の熱力学的温度の二七三・一六分の一と定義している。

しかし、温度は距離や質量と異なり、一度の大きさが機械的にも感覚的にもわかりにくい概念である。熱力学的温度に厳密に従った温度計は今のところない。そのために、まず一九二七年国際度量衡総会で基準が考えられ、その後数回の修正が行われた。基準に水の沸点、凝固点が使われたことはもちろんである。

一九六八年、国際実用温度目盛（IPTS－68）ができあがった。ここでは物質の相平衡温度十三点を基準温度として、各温度を補完する方法を採った。水の三重点と沸点もここに入っていた。ところが、水の凝固点ははずされてしまった。それは、水と氷の平衡状態の温度を決めるには純水が必要であるが、〇度付近では空気が水に溶けることを防ぐことができず、一気圧を保つことも困難で、一定不変の条件が得られないという理由であった。

ＩＰＴＳ－68は温度測定の精度を大きく上げたが、それでも一ケルビンの現実の大きさが温度範囲によって異なる、再現性が不十分、補完計器の性能が不十分など、問題点が多かった。

一九九〇年に再度検討された結果出てきた定義が国際温度目盛（ＩＴＳ－90）である。定義定点としては、水素、ネオン、酸素の三重点、スズ、銅の凝固点など、より再現性の高いもの十七点を選んだ。この修正で熱力学的温度からの誤差が〇・一ミリケルビン以内になったとされる。ＩＴＳ－90は、英文で二百ページと膨大なものになったが、国際度量衡局によりフランス語化され、公式のものとなった。ＳＩ単位にしろ温度目盛にしろ、これらはすべて公式にはフランス語が使われる。フランスは、ラボアジエによってメートル法を推進し、メートル原器、キログラム原器をつくった国である。

ＩＴＳ－90では水の沸点もはずされてしまった。水から始まった温度測定は、ついに水を無視してしまったか、と思いきや、三重点（二七三・一六Ｋ）だけはまだ定義定点の名誉を保っている。ＩＴＳ－90によれば、水の凝固点は〇・〇二五℃、沸点は九九・九七四℃である。この基準が発表されてしばらく、新聞が「えっ、水の沸点は一〇〇℃じゃないの？」というような大見出しをつけたので、温度測定の精度が上昇したために、正確な水の沸点が測定されたのだ、と早とちりした人が多かったようだ。なお、氷点という言葉があるが、これは氷とはまったく関係なく、〇℃のことである。

本文の一部は計量研究所（茨城県つくば市）の桜井弘久氏の報告を参考にした。ついでながら計量研究所には、国際度量衡局の原器で校正した「日本国メートル原器」、「日本国キログラム原器」が保管されている。

（一九九八年四月）

第10章　化学よもやま話の真髄

ここにあり――物質

いよいよ最後の章。
いろいろ書き続けてきたが、
やっぱり私も化学者。
化学者と物質は切っても切れない縁がある。
ここでやっと化学らしい話が登場する。

リン

リンには黄リンと赤リンの二種類の同素体があって、黄リンは発火しやすく、猛毒であることはよく知られている。このほかに、白リン、黒リンなど多くの同素体があり、黄リンは赤リンと白リンの混合物であるともいわれている。リンの化合物には、多くの生体物質、そしてサリン、パラチオンなどの物騒なものまでたくさんある。

リンは一時期、錬金術師から特別の思いを寄せられていた。それは以下のとおりである。

古代ギリシャでは、火、水、土、空気の四元素が混ざり合って、あらゆる物質を構成するとされていた。これがプラトン、アリストテレスによる四元素説である（「四元素説」九十六ページ参照）。アリストテレスはさらに、四元素には非物質的な共通の根源があるとし、これを第一物質とよんだ。キリスト生誕前後には、第一物質をうまく働かせると万物をつくり出せるとし、そのためには、第一物質に物質としての活動力を与える原理（プネウマ）が必要であるという思想が出てきた。プネウマは哲学者の石（エリキサー）あるいは第五元素とよばれるようになった。

これ以来、第一物質と哲学者の石（第五元素）にはさまざまな観念的な解釈がなされたが、万物を金に変えるもの、生命を維持するもの、不老長寿の薬という考え方は、共通していた。特に第一物質は大量の水銀を一気に金に変えてしまうとか、はては海水をすべて金にするなどともいわれた。

そして、錬金術師は第一物質と哲学者の石を探すことに熱中したのである。

十七世紀になって、ファン・ヘルモント（一五七九（一五七七年という説もある）～一六四四年）は、元素は消滅することもなければ新たに生まれることもない（現代風にいうならば、要するに化学反応の予言）と唱えた。ついでながらファン・ヘルモントは二酸化炭素を普通の空気とは異なるものと考え、これにガスという名前を与えて、ガスと血液とは何らかの関係があるとした人である。

彼の説を聞いた当時の多くの錬金術師は、それなら不老長寿の薬となる第一物質は動植物の体内に必ずあるはずだ、と考え、乳、唾、ふん、尿、植物の汁など、あらゆるものについて蒸発、焼却などを試みた。

一六六九年に、ブラント（？～一六九二年）が尿の蒸発後の残りかすを乾留したところ、白い固体が器の壁に析出した。もちろん今なら、有機化合物が炭化し、それがリンの化合物を還元して、黄リンが析出したことであるとは明らかであるが、当時はそんな知識はない。この白いものは発火しや

すく、暗い所で青白く光るなどの奇怪な性質をもつこと、そしてこれが動物の体内から見つかったということで、これこそ第一物質で、万物を金に変え、不老長寿の薬となるものと、彼は考えた。第一物質さえ得られれば、後は巨万の富が約束される。だから、彼は発見した事実やその方法を秘密にしていた。

しかし、これをかぎつけた錬金術師が彼のところに群がった。最初に彼に近づいたのはクンケル（一六三〇年ごろ〜一七〇二年ごろ）である。しかしブラントはこれを拒否。肘鉄《ひじ》を受けたクンケルは二年後に自力でリンを製造。自分こそリンの発見者と吹聴した。ブラントが怒ったことはいうまでもない。懲りたブラントはリン製法を秘密にするのをやめて、多くの人に金《かね》で売った。金のことで折り合いがつかず、もめたこともあったようだ。そして少なくとも四人が独立にリンをつくった。その結果、リンの真の発見者は誰かということが一時わからなくなったが、最終的にはブラントということで落ちついた。このことは、彼が、リンをつくった他の何人かの人たちよりも長生きをし、自分が真の発見者であることを主張したからだといわれている。

（一九九九年一月）

鉄

最近国内では、高層ビルが雨後のタケノコのようにニョキニョキ生えて（?）きた。材料はいうまでもなく鉄骨である。鉄骨は鉄筋コンクリートに比べて軽量、コンクリートにつきものの養生が不要、だから工期が短く経費も安い、などいいことづくめである。おまけに地震の際、鉄の弾力でふらふらと揺れるが崩れることはない。このような利点が高層ビル建築を可能にした。ただし、熱にはあまり強くないので、これを補うために、鉄骨の周りを鉄筋コンクリートで囲むこともある。

国内で最初に現れた高層建築が、三十六階建ての霞ケ関ビルである。私は完成後まもなく見物に行った。屋上には出られないが、最上階（三十六階）が展望台となっていた。入場料が二百五十円。バス代が二十円か三十円のころである。こりゃ高い。一階下の三十五階でも廊下に窓ぐらいあるだろう。そこから外をのぞけばただ、と考えたのは浅はかだった。三十五階で降りると、そこは喫茶店になっていた。入口にメニューはない。何人ものボーイが「さあさあいらっしゃい、さあどうぞ」といった具合に、エレベーターを降りた人（私と同じことを考えていた?）を巧みに招き入れる。逃げようがない。入ってしまった。どれだけボラれるかと背筋が寒くなったが、まさか窓から突き落とされることはあるまい。

席についてからメニューを見せられた。最低は五百円。そこへ十～十五%のサービス料と税金。

標高も高いが値段も高い。しかし、その上の階で二百五十円払って立見をするよりはいいと思ってあきらめた。その喫茶店は結構繁盛していた。後で東京の友人にその話をしたら、「あそこはおのぼりさんの行く所だ」と言われた。なるほど、高い所にのぼったことは確かだ。

人類が初めて鉄を得たのは隕《いん》鉄からであったという。人々はこの鉄を神の贈り物として大切にした。やがて鉄鉱石を見つけ、その冶金（精錬）方法を知った。

鉄はドイツ語でアイゼン（Eisen）である。古代インド語（梵《ぼん》語）ではアジアスという。よく似ているので語源は同じと考えられる。

インド民族（アーリア族）とヨーロッパ民族（ゲルマン族）の祖先は同じ民族で、カスピ海の周辺に住んでいたアルメニア族であった。そして、民族分裂以前に製鉄技術をもっていた。この技術はフェニキア人を中心とする交易により、次第にオリエントや地中海沿岸へと広まっていった。ついでながら、アルファベットの元をつくって広めたのもこのフェニキア人とされている。オリエントはアルメニアに最も近いので、鉄器文化の輸入が最も早く、紀元前千五百年より前であった。ずっと遠いスコットランドに鉄器文化が到達するのは紀元前三百年ごろである。アルメニア族はその歴史が始まって以来絶えず異民族の襲撃を受けていた。アーリア族とゲルマン族に分かれたのはそうした背景があったからであろう。民族分裂は紀元前千五百年ごろと推定されている。鉄器の技術者はちりぢりになり、これが各地の鉄器文明の発展に拍車をかけた。そこでこの時期が本格的な鉄器文明の始まりという考え方もある。

話を鉄骨に戻そう。鉄骨建築の方法は、下から順に積み上げていく。機材の運搬にはクレーンが使われる。工事が進むにつれてクレーンは上へ上へと昇って行く。

さて、無事に完成したらこのクレーンはどうなるのだろう。昔、ある漫才師が、「地下鉄の車両をどうやって地面の下に入れるのだろう」と繰返し言っていた。そこで当局は、その漫才師に車両を地下に入れる作業を見せた。するとそれ以来、そのことを言わなくなってしまった。当局も罪なことをしたものだ。漫才師のネタを奪ってしまったか。私は屋上のクレーンをどうやって降ろすのか気になっていたが、バラバラに分解されて運び降ろされると聞いて安心した。

（一九九五年九月）

硝石

硝石とは普通硝酸カリウム（KNO_3）のことであるが、チリ硝石の主成分は硝酸ナトリウム（$NaNO_3$）である。これはチリの北部の砂漠地帯に産する。チリのみならず砂漠地帯には硝石がしばしば多量に存在する。地球形成時からずっと砂漠のままなら、成分はケイ酸塩のみのはずである。窒素化合物はいったいどこから来たのであろうか。岩石の風化に伴って空気と反応して生成したとも考えられるが、それにしては硝石の量が多いし、地区による分布も異なる。とすれば、硝石の生成にはもっと別の原因を考えなければならない。

硝石は湿度の高いところで、動物（おもに昆虫、ミミズなど）の死体が微生物により分解されて生成する。縁の下や湿った土の上に白い粉が見られるが、これが硝石であり、肥料として雑草の生長に役立つ。雑草が増えれば、また動物が集まって来る。

こんなわけだから、硝石の多い砂漠は、かつては緑の豊かなところだったと推定される。それがなぜ砂漠になってしまったのかは別の項に譲る（「肥料」一〇八ページ参照）。

硝石は火薬、医薬の原料として需要が高い。第一次世界大戦中、ドイツは航路を阻まれ、チリからの硝石輸入ができなくなった。苦し紛れに考案されたのが、空気中の窒素を用いてアンモニアや硝酸をつくる空中窒素の固定であった。ドイツは結局負けてしまったが、この技術は戦勝国を驚かせた。

グリセリンと硝酸からはニトログリセリン（硝酸グリセリン）が得られる。これは火薬としての役割のほかに心臓の冠動脈血管を拡張するので、狭心症、心筋梗塞《こうそく》の治療薬となっている。ただしニトログリセリンは気化しやすいので、最近は別の物質が使われていると聞いた。確かにこれらの病気の薬は、飲み薬も含めてたくさん知られている。

やはりよく用いられる火薬トリニトロトルエン（TNT）はトルエンのニトロ化によって得られる。これはしばしば原水爆の威力を表す単位に使われる。

トルエンの代わりにフェノールを用いてつくられた火薬はピクリン酸である。これもまた医薬となる。やけどの薬だ。火薬でやけどをしてピクリン酸で治す。まさにマッチポンプだ。

右にもふれたように、硝石はそのまま肥料になるが、硝安（NH_4NO_3）として用いられることが多い。この結果、植物にはかなりの量の硝酸イオン（NO_3^-）

が含まれる。このイオンは唾液の細菌によって簡単に亜硝酸イオン（NO_2^-）になる。

亜硝酸イオンのナトリウム塩は食肉の色を安定化させるために用いられる食品添加剤である。すなわち、亜硝酸イオンは一酸化窒素（NO）となり、肉のミオグロビンと反応してニトロソミオグロビンとなる。これが安定な紅色の色素である。亜硝酸ナトリウム（$NaNO_2$）は保存用の肉（ハム、ソーセージなど）にはしっかりと添加されている。これが、肉中のジメチルアミン（$(CH_3)_2NH$）と反応して、強い発がん性物質ジメチルニトロソアミン（$(CH_3)_2NNO$）を生成することがわかり、いま問題になっている。

そうすると厄介なことになる。たとえ肉（魚肉を含む）に食品添加剤の亜硝酸ナトリウムが入っていなくても、同時に野菜を食べれば自然に亜硝酸イオンを取入れていることになってしまう。しかもジメチルアミンは加熱すると増加するから、真黒に焼いたサンマに大根おろしをかけて食べようものなら大変だ。山崎幹夫氏（『毒の話』中公新書（一九八五））によれば、現に、胃がんの多い国は日本とチリで、その理由は日本人は魚を食べるから、またチリでは硝酸イオンがたっぷりあるからだそうだ。これではわれわれは何も食べられない。しかし、捨てる神あれば拾う神あり。肉のビタミンEと野菜のビタミンCはジメチルニトロソアミン生成の負触媒になる。まああまり心配せずに人生を楽しく過ごすようにして、神経性胃炎にならないようにしましょう。

（一九九二年四月）

尿素

尿素は、$(H_2N)_2CO$という化学式の簡単な有機化合物である。これは一七七三年に尿から単離されたが、実験室の中で最初に合成したのは、デイビーで、反応1によっている（一八一二年）。

しかしデイビーはこれに気づかなかった。そのために、一八二八年のウェーラーの合成が最初であるとされている。しかも、実験室内で人為的につくられた初めての有機化合物という評価も得た。彼は実は、シアン酸アンモニウム(NH_4OCN)をつくるつもりで、硫酸アンモニウム$((NH_4)_2SO_4)$とシアン酸カリウム$(KOCN)$との水溶液を混合して加熱濃縮したところ、尿素ができてしまった。もちろん当時はまだ$(H_2N)_2CO$という示性式は、知られていない。

ウェーラーはこのとき、腎臓の力を借りずに尿ができた、と言ったと伝えられる。そのころは、有機化合物は、動植物の自然の営みによってのみ発生するものであって、いわば神がつくるものとされていた。だから、実験室での有機合成など考えられなかった。ウェーラーの合成を聞いた、当時の化学界の大御所ベルセリウスは最初、それは何かの間違いだといい、いよいよ尿素であることが確実になると、尿素は無機化合物だと言い始めたものである。

反応1

$$COCl_2 + 4NH_3 \longrightarrow (H_2N)_2CO + 2NH_4Cl$$

尿素を英語ではureaというが、この命名は古く、一八〇〇年ごろである。ヒトおよび肉食動物の尿に多量に含まれ、ヒトの場合、一日の排出量は約三十グラムである。たかが排出物、されど尿素である。いろいろ有益な働きをする。まず、ヒトをはじめとする哺《ほ》乳類は、体内で発生する有害な窒素化合物を無害な尿素の形で排出する。尿素という物質が安定に存在するからこそである。また、中性の窒素肥料、家畜の飼料、医薬品の原料など、尿素の用途は広い。

尿素は赤切れの治療薬にもなる、……とはいってもこれはワセリンに少量混ぜて使う(五〜二十%)。赤切れは皮膚が乾燥して弾力がなくなった結果、ひび割れを起こす現象である。だから、乾燥しないように油性物質で皮膚をコーティングすればよい。そこでワセリンが使われるのだが、さらに尿素を混ぜると、その水に溶けやすい性質により、空気中の水分を吸収して、手をしっとりとさせる効果がある。

だからといって、赤切れの傷口に尿をかけても駄目。ワセリンとの共同作業がなければ効果はない。

このような医用、工業用の尿素をヒトや動物の尿から採取していたのではコストがベラボウに高くつく。そこで、反応2のようにして工業的に大量に合成される。

ユリア樹脂というのがある。これはその名のとおり、尿素を原料として、反応3で得られる。

当初、これは尿素樹脂とよばれた（学術用語集では、いまでもそうなっている）が、食器、文房具、おもちゃの材料が、文字どおりこんな小便臭い名前ではイメージが悪すぎて売れ行きに影響するというわけで、ユリア樹脂と改名するに至ったという。どちらでも同じはずなのだが、英語（カタカナ）にすれば格好よくなると考えるのは日本人の病気か体質か、尿の検査をすればわかるかな。

（一九九四年二月）

反応 2

反応 3

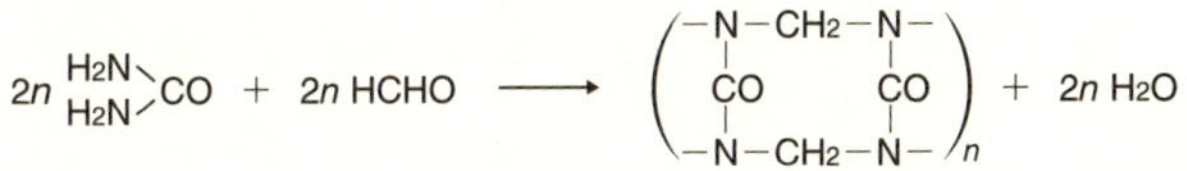

笑気

窒素酸化物でよく知られているものは一酸化二窒素（N_2O）、一酸化窒素（NO）、二酸化窒素（NO_2）、四酸化二窒素（N_2O_4）、五酸化二窒素（N_2O_5）で、その他のものも含めてノックス（NO_x）と表現される。ノックスは、光化学スモッグの元凶で、犯人（？）は車などの排気ガスである。しかし少量のノックスは植物の窒素肥料として有益である。これは稲妻がつくり、雷雨によって地上に降ろされる。植物にとってはこれで十分だ。光化学スモッグを発生させるほど窒素酸化物が存在したら、植物にとっては多すぎる。動物ならさしずめ食いすぎということになる。

高校の化学の教科書には前記五個のうち真ん中の三個が登場する。しかし高校の教科書のどこを見ても、一連の窒素酸化物だけを扱った章節がない。これらはすべて何かのついでに登場するものである。一酸化窒素、二酸化窒素は硝酸の酸化作用のところに、また四酸化二窒素は二酸化窒素とともに化学平衡および倍数比例の法則のところに現れる。五酸化二窒素は、教科書のどこかで見たような記憶があるが、私が探した数種類の教科書には出ていなかった。

一酸化二窒素もまた高校で扱われないことは前から承知していたが、これこそ、おもしろいガスとして高校生に教えれば効果抜群と思うのだが、そういうものは駄目のようだ。

一酸化二窒素の慣用名が「笑気」であることは読者諸氏よくご存じのとおりである。これは手術の際の全身麻酔に使われる。麻酔された患者の顔がひきつって笑っているように見えることからこの名前がついた、とか、ごく少量を吸った場合、かえって神経が興奮してはしゃぐことからついたなどともいわれている。

笑気による全身麻酔は、エーテル、クロロホルムとともに一八四〇年代には始まっていた。この中で、クロロホルム麻酔は副作用が強すぎるので、現在は行われていない。

背骨に麻酔薬を注射する方法もある。このとき使う注射針はマッチ棒ほどの太さである。痛いであろう。この方法は現在は全身麻酔には使われず、腰や太もも辺り（たとえば盲腸）の手術の局部麻酔として使われている。

実は全身麻酔にはかなり高濃度の笑気ガスが必要である。しかし、これでは酸欠状態になって危険だから、笑気を減らしてエーテルまたはハロタン（$CF_3CHClBr$）を混ぜたり、座薬あるいは静脈注射を併用することが多い。

危険のない程度の笑気ガスの使用は、鎮痛剤にはなるが意識までなくなることはない。そこで、出産時の無痛分娩《べん》に用いられる。こ

の場合、完全に麻酔をかけて眠らせてしまったら、正常の分娩ができなくなるので、分娩は自力で行うように、少量を吸い込ませて、痛みを軽くするだけで、全くの無痛にするわけではない。

ある女性が無痛分娩を希望した。彼女は何も知らない。無痛なら大丈夫と安心して分娩室に入った。陣痛がひっきりなしに襲ってくる。早く楽にしてよ、と彼女は思うのだが、そばにいる医師は一向に動く気配がない。陣痛がひどくなった。彼女は思わず痛みを訴えた。すると医師がさるぐつわのようなものを持って襲いかかって（?）きた。すると彼女、「何をするのよーっ。ひきょう者！　助けてー！」と大騒ぎ。さるぐつわを手で払い落とした。すると、医師や看護婦が慌てて換気扇を回し、窓を開けた。やがて、医師がむせかえって部屋を飛び出した。続いて看護婦も。当の妊婦「あら、みんな何しているの?」とけろりとした様子。

一騒ぎ済んだ後、今度は医師と看護婦がよってたかってその女性を押さえつけて、さるぐつわをしっかりとはめて、たっぷりと笑気ガスを吸わせた。そして気絶寸前にして（前述のように気絶させてはいけない）、めでたく出産させた。その女性は出産後、生まれた自分の子供の顔も確認できず、十時間以上眠りこけた。うそのようだが、これは実話である。それもそのはず、その女性とは、何を隠そう、私の妻である。一九八〇年ごろのことだった。

（一九九八年三月）

あとがき

『化学よもやま話』の世界はいかがでしたか？　『現代化学』の多くの読者に支えられて十年。よく続いたものと思います。現在未発表の原稿が十数編たまっています。まだまだへこたれませんので、この先もどうぞ『現代化学』の「やじうまかがく」をお読み下さい。

このネタをどんな方法で見つけるのかという御質問を読者からしばしば受けます。その方法はいろいろな文献、観察、そして私の経験によっております。参照した文献で、特に重要と思われるものは本文に記してあります。そのほか、『日本大百科全書』(小学館)、『世界大百科事典』(平凡社)、国語辞典、学術関係の単行本、医薬品の辞典類、『現代用語の基礎知識』および類似の本、たくさん発行されている雑学辞典類、六法全書、新聞。それからラジオ、テレビ、漫才、落語などもネタの供給源です。時には官公庁、会社、製造所などへ電話による聞き込みをすることもあります。そして大学内で観察できる学生の挙動などなど。ネタになるものはあちこちに転がっています。

引用文献をいちいち挙げていては、それだけで一編の原稿のかなりのスペースを占めてしまいます。また読んだ覚えがあるがどの文献か忘れた、というみっともない事情もあります。そんなわけで、少し参照した程度の文献は省略いたしました。本書は学術論文ではなく、いわゆる読み物ということで、お許しいただければ幸いです。

私は何かネタを思いつくと、どこにいてもまずメモし、講義で紹介して学生の反応を見ます。学生はこういう脱線を喜びます。脱線化学講義は教養教育に携わる者の宿命のように思います。学生に反応が出たらこのネタは使えると確信します。そして肉付けをして指定の長さにまとめます。落ちが出てこないときは、文字通り落ち込みます。何かないかと終日考え込むこともあります。

編集子から、一編を書くのにかかる時間を聞かれたことがありました。実は私にもよくわかりません。一編に二、三カ月かかることもありますが、それにかかりっきりになっているわけではなく、本来の仕事の合間にやっていますから、正確な時間はわかりません。しかし、おもしろいネタが見つかったら、たとえば日曜日にそれに没頭し、推敲《すいこう》も含めて一日(約八時間)で書き上げることもあります。どの原稿も多分延べにして、これぐらいの時間かかっていると思います。

「やじうまかがく」の連載の依頼を受けたのは、『現代化学』編集部の梅田大愛さんからでした。それ以来、「やじうまかがく」は、同編集部の三井恵津子さん、田井宏和さん、杉本夏穂子さんをはじめ多くの方々から、私の思い違いや舌足らずなどの問題点を御指摘いただいてできあがっています。そして原田良信さんのイラストがいろどりを添えて下さいます。私は原田さんのイラストの第一のファンといえるでしょう。

本書をまとめることができたのはこういう方々の御助力があったからです。また、まとめるに当たって、同社の後藤よりこさんのお世話になりました。以上の方々に厚く御礼を申し上げます。

二〇〇〇年五月

著　者

科学のとびら39

化学よもやま話

二〇〇〇年六月十五日　第一刷発行

著者　関崎正夫
発行者　小澤美奈子
発行所　株式会社 東京化学同人
東京都文京区千石三-三六-七 (〒一一二-〇〇一一)
電話　〇三-三九四六-五三一一
FAX　〇三-三九四六-五三一六
印刷　モリモト印刷(株)・製本 (株)松岳社

Printed in Japan　ISBN 4-8079-1279-8